"双一流"建设精品出版工程 / 黑龙江省精品图书出版工程
"十四五"国家重点出版物出版规划项目
航天先进技术研究与应用 / 电子与信息工程系列

卫 星 通 信

SATELLITE COMMUNICATIONS

王振永　李德志　杨明川　郭　庆　编著

内 容 简 介

本书是一本介绍卫星通信系统和技术的著作，主要内容包括：卫星通信概述、卫星运动轨道、卫星通信系统空间段、卫星通信系统地面段、卫星测控技术、卫星通信链路分析、卫星通信多址接入技术、卫星通信传输协议以及卫星通信技术发展等内容。

本书内容丰富、实用，可供从事卫星通信方面的技术人员和管理人员阅读，也可作为高等院校相关专业的教材或教学辅助用书。

图书在版编目(CIP)数据

卫星通信/王振永等编著.—哈尔滨：哈尔滨工业大学出版社，2022.3

ISBN 978-7-5603-9316-2

Ⅰ.①卫… Ⅱ.①王… Ⅲ.①卫星通信 Ⅳ.①TN927

中国版本图书馆CIP数据核字(2021)第016866号

策划编辑 许雅莹
责任编辑 王会丽
封面设计 屈 佳
出版发行 哈尔滨工业大学出版社
社 址 哈尔滨市南岗区复华四道街10号 邮编150006
传 真 0451-86414749
网 址 http://hitpress.hit.edu.cn
印 刷 黑龙江艺德印刷有限责任公司
开 本 787 mm×1 092 mm 1/16 印张10.25 字数243千字
版 次 2022年3月第1版 2022年3月第1次印刷
书 号 ISBN 978-7-5603-9316-2
定 价 28.00元

前　言

卫星通信自20世纪40年代被提出后，经过近80年的发展，已逐渐成为区域与跨洋通信、国家基础干线通信、国际军事通信、行业及企业专网通信乃至个人通信的重要手段。卫星通信由于具有三维无缝覆盖能力、独特灵活的普遍服务能力、覆盖区域的可移动性、广域复杂网络构成能力、广域Internet交互连接能力，以及特有的广域广播与多播能力，对应急救灾的快速灵活与安全可靠的支持能力等特点，已经成为实现全球通信不可或缺的手段之一。本书详细介绍了卫星通信系统的发展、组成及关键技术。本书根据作者多年在卫星通信系统方面研究工作的积累，在对卫星通信的基本概念、卫星运动轨道、卫星通信系统空间段、卫星通信系统地面段介绍的基础上，对卫星测控通信技术、卫星链路性能、卫星通信多址接入技术、卫星通信传输协议以及卫星通信技术发展等内容进行了论述。

本书共分9章。

第1章卫星通信概述。主要介绍卫星通信的基本概念、发展过程、业务分类、系统组成及工作过程、系统频率与轨道位置分配及地面站分布，最后介绍了两个卫星通信组织，即国际通信卫星组织(INTELSAT)和国际海事卫星组织(INMARSAT)。

第2章卫星运动轨道。主要介绍卫星运动规律、卫星轨道要素、卫星轨道分类、星下点和卫星覆盖、轨道摄动以及星蚀和日凌中断。

第3章卫星通信系统空间段。主要介绍空间段的组成、空间平台和有效载荷。

第4章卫星通信系统地面段。主要介绍地面段分类及功能、卫星信号地面接收及处理原理、控制中心站、关口站以及用户终端。

第5章卫星测控技术。主要介绍卫星测控系统、统一测控系统、卫星无线电跟踪测量技术、航天无线电遥测技术、航天无线电遥控技术以及天基测控技术。

第6章卫星通信链路分析。主要介绍星地链路传输损耗、卫星通信链路的噪声和干扰、卫星通信链路的载噪比以及卫星通信系统链路设计与计算。

第7章卫星通信多址接入技术。主要介绍卫星通信中多路复用和多址接入的基本概念，重点介绍卫星通信系统中常用的四种多址接入技术，分别为频分多址接入、时分多址接入、码分多址接入和空分多址接入。

第8章卫星通信传输协议。主要介绍TCP/IP协议、DTN协议、SCPS协议、CCSDS协议以及DVB协议。

第9章卫星通信技术发展。主要介绍GEO卫星通信发展、MEO卫星通信发展、

LEO卫星星座通信发展以及卫星通信系统抗干扰性能。

本书相关的研究工作得到了国家自然科学基金项目(62071146)的资助，在此一并致谢。

作者虽然力图在本书中涵盖卫星通信系统与技术的各个方面及其进展，但卫星通信本身一直处于发展变化中，且作者学识及经验有限，书中难免会有疏漏之处，恳请广大读者批评指正。

作　者

2022年1月

目　　录

第1章

卫星通信概述

1.1 卫星通信基本概念

卫星通信是利用无线电传输媒介，将人造卫星作为中继站，转发或处理无线电信号实现地面及空间用户终端之间信息传输的通信方式。

卫星移动通信是利用卫星中继实现地面、空中、海上等移动用户之间或移动用户与固定用户之间的通信。卫星通信是以地面移动通信技术为基础，结合卫星通信技术、集成电路和计算存储等技术，支持用户通信终端在任何地方实现相互通信的技术。

随着互联网(Internet)的飞速发展，地面网络终端用户数量不断扩大、新型业务不断增加，对用户服务的移动性和广域覆盖能力都提出了更高的要求。作为对 Internet 基础通信设施的重要支持，卫星通信系统以其全球覆盖性、广播多播能力、按需灵活分配带宽能力以及支持用户终端远距离通信能力和移动性等优点，已经成为地面 Internet 和蜂窝网络的有效补充和延伸。此外，卫星通信网络还可以用作宽带接入网络，连接各种不同的网络，提供固定和移动用户终端之间的通信服务。卫星通信网络已朝着与地面通信基础设施相融合，形成“空、天、地”一体化通信网络的方向发展，并带来许多卫星通信新技术、新领域的研究方向。

卫星移动通信系统是卫星通信和地面移动通信相结合的系统，作为中继站的卫星一般由地球静止轨道(Geostationary Earth Orbit，GEO)卫星或非地球静止轨道(Non－Geostationary Earth Orbit，NGSO)卫星星座承担。由于地面不同区域经济、技术和人口居住的不同，受地理条件、经济因素等的影响，地面蜂窝网络很难实现全球无缝覆盖。对于面积辽阔，地理条件复杂的区域，仍有许多偏远地区没有实现通信网络的广泛覆盖。卫星移动通信系统能够克服地域环境、气候条件等限制，以其特有的技术特点，可为全球覆盖通信、海上及空中用户移动通信和重大自然灾害应急通信等方面提供良好的服务，也可利用卫星通信波束覆盖的灵活调度，满足全球不同通信业务密度的应用环境，使卫星移动通信技术的应用与发展得到迅速推广。

卫星通信技术的主要特点，具体如下。

(1)卫星通信覆盖的范围广，通信距离远。

1 颗地球静止轨道卫星可覆盖地球表面的三分之一，利用 3 颗适当分布的地球静止轨道卫星可实现除地球两极以外的覆盖通信。利用 NGSO 卫星构成通信卫星星座，可覆

盖全球区域实现无缝通信。卫星通信是目前远距离通信和电视广播的主要手段，且卫星通信的成本与距离无关。

(2)大量卫星通信用户共同分享卫星资源。

卫星通信利用多址接入技术，在卫星所覆盖的区域内，用户终端都能利用同一卫星进行相互间的通信，卫星地面站的建立相对灵活，可建在人口稀疏的边远地区以及海上岛屿、船只、汽车、飞机上，受地理条件限制较小。

(3)单颗通信卫星的通信容量大。

卫星通信多采用微波频段，可用频率带宽大，每个卫星上可设置多个转发器，采用频率复用技术，可实现单星的通信大容量。

(4)卫星通信的传输时延大。

由于利用卫星进行中继通信的卫星地面站(终端)与卫星之间的通信距离远，因此出现了卫星通信时延大的问题。

典型的卫星通信系统如图 1.1 所示。

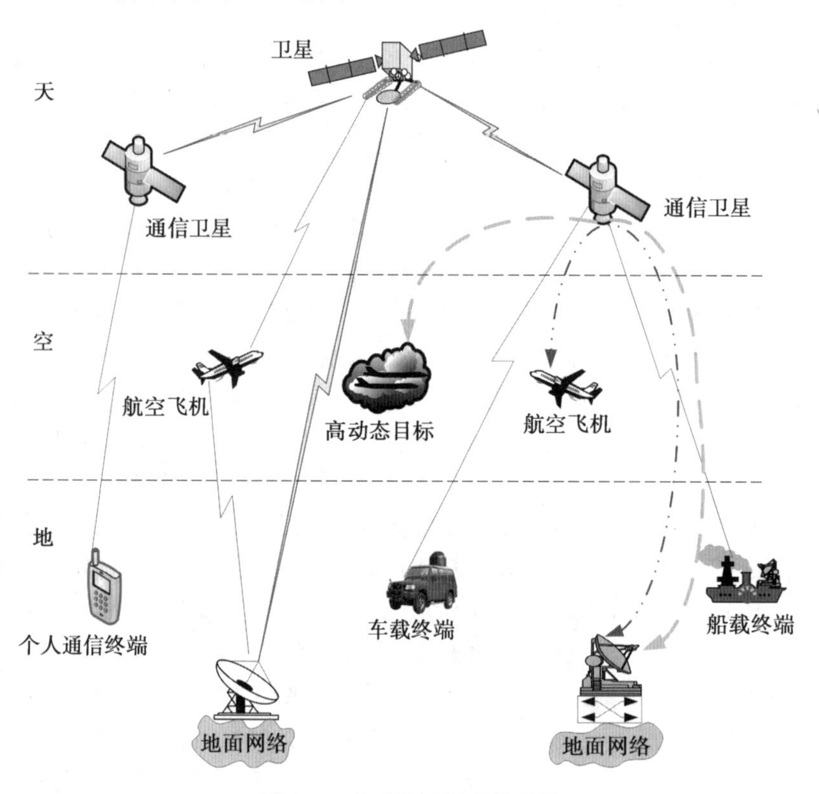

图 1.1　典型的卫星通信系统

1.2　卫星通信发展过程

1. 国外卫星通信的发展

1945 年 10 月，英国科幻大师 Arthur C. Clarke(亚瑟・查理斯・克拉克)在 *Wireless*

World(无线电世界)期刊上发表了一篇具有历史意义的卫星通信科学设想论文,题为 *Extra-Terrestrial Relays-Can Rocket Stations Give World-wide Radio Coverage?*(地球外的中继卫星能提供全球范围的无线电覆盖吗?),作者在这篇论文中详细论证了卫星通信的可行性。按照 Clarke 的这一科学设想,研究人员开始了利用人造地球卫星实现通信的探索。后来发展起来的现代卫星通信技术充分证实了 Clarke 这一出色的设想。为了纪念 Clarke 的功绩,国际天文协会将地球静止轨道命名为"克拉克轨道"(Clarke Orbit)。

虽然 Clarke 在 1945 年就从理论上证明了卫星通信的可行性,但是,当时的运载技术还不能将人造地球卫星发射到地球静止轨道的高度。直到 1957 年 10 月 4 日,苏联发射了世界上第一颗人造地球卫星"斯普特尼克"(Sputnik),这颗卫星搭载了两个频率的无线电发射机,使人们看到了利用地球卫星实现通信信号传输的希望,此后,世界上许多国家相继发射了各种用途的卫星,广泛应用于科学研究、宇宙观测、对地观测、气象观测、远距离通信、移动通信及导航等多个领域。

1958 年 12 月,美国国家航空航天局又称美国宇航局(National Aeronautics and Space Administration,NASA),发射了"斯科尔"(SCORE)广播试验卫星,进行磁带录音信号的传输试验。

1960 年 8 月,美国宇航局又发射了"回声"(ECHO)无源反射卫星,进行调频电话和电视的转播。

1960 年 10 月,美国国防部发射了"信使"(COURIER)卫星,首次完成了语音、数据和传真的有源延迟中继通信。

1962 年 7 月,美国电话电报公司(AT&T)发射了"电星 1 号"(TELESTAR－1)通信卫星,实现了横跨大西洋的电话、电视、传真和数据的传输,奠定了商用卫星通信的技术基础。

1962 年 11 月,美国无线电公司(Radio Corporation of America,RCA)发射了"中继 1 号"(RELAY－1)低轨道卫星,完成了横跨太平洋的美、日之间的电视传输。

1963 年 2 月,美国宇航局发射了"辛康 1 号"(SYNCOM－Ⅰ)试验卫星,这颗卫星首次成功进行了同步轨道卫星通信试验,并获得部分通信试验的成功。

1963 年 7 月,美国宇航局发射了"辛康 2 号"(SYNCOM－Ⅱ)试验卫星,要将该卫星送到 3.6 万 km 高度。由于 Thor Delta B 运载火箭的运载能力限制,该卫星虽然被送入了地球同步轨道,但卫星轨道面存在较大的倾角,对地并不静止。由于卫星天线的波束较宽,因此对卫星电话、电视直播的测试达到了预期的目标。

1964 年 8 月,美国宇航局发射的"辛康 3 号"(SYNCOM－Ⅲ)试验卫星成功地进入地球赤道上空的静止轨道,继续进行各种通信测试,并向美国转播了 1964 年东京夏季奥运会的电视实况,显示出了地球静止轨道卫星通信的优越性和实用价值,在海底光缆还没有使用前,开辟了洲际通信的新方式。

1965 年 4 月,美国发射了一颗国际通信卫星"晨鸟"(Early Bird)。这是一颗集试验与实用的同步地球静止轨道通信卫星,通信容量为 240 条电话线路和 1 个彩色电视频道。"晨鸟"于 6 月 28 日开始商业服务,它是通信卫星从试验阶段转为实用阶段的标志,开创

了民用国际卫星通信的时代,后改名为“国际通信卫星1号”。

1965年4月,苏联发射了“闪电”(MOLNIYA)同步卫星,实现了苏联和东欧各国之间的区域性通信和电视广播。

1972年,加拿大Telesat公司首次发射了国内通信卫星“阿尼克”(ANIK),实现了国内卫星通信。

1976年2月,美国先后向大西洋、太平洋和印度洋上空发射了三颗海事通信卫星,建立了使用通信卫星作为中继站的船舶无线电通信系统,为商业运输和美国海军提供可靠的电信通信;建立了世界上第一个海事卫星通信站,通过选定的岸站向海上船舶和从海上船舶传输各种类型的数据,其特点是质量高、容量大,可全球、全天候、全时通信。

1997—1998年,美国铱星公司发射了66颗低轨卫星,组成了低轨星座全球卫星移动通信系统,称作铱星(Iridium)系统。

1998年2月—1999年11月,美国发射了48颗低轨卫星,构建了全球星(Globalstar)低轨道卫星移动电话星座。

2005年,泰国通信(Thaicom)发射了一颗高通量卫星(IPSTAR1),由劳拉空间系统公司(Space Systems Loral,SSL)研制,卫星容量45 Gbit/s,为亚太地区提供互联网服务。

2011年10月,美国卫讯公司(ViaSat)发射了首颗高通量卫星ViaSat 1。卫星容量140 Gbit/s,为美国和加拿大提供互联网服务。

2012年,欧洲通信卫星公司(Eutelsat)发射了欧洲首颗高通量卫星K-SAT,卫星容量90 Gbit/s,可提供高速互联网业务。

2012年7月,美国休斯公司发射了“回声星”(EchoStar-17)/“木星”(Jupiter-1)高通量卫星,卫星容量100 Gbit/s。2016年12月,又发射了EchoStar-19/Jupiter-2高通量卫星,卫星容量220 Gbit/s。休斯公司在北美推出最新一代的卫星宽带服务HughesNet Gen5,为北美个人用户和小型企业等提供更高速、更多数据和更先进的卫星宽带接入服务。

2013年12月,移动卫星通信国际海事卫星组织(International Maritime Satellite Organization,INMARSAT)发射了首颗Global Xpress(GX)卫星Inmarsat-5 F1,卫星容量50 Gbit/s,开始布置全球卫星宽带移动通信系统。

2016年1月,国际通信卫星组织(International Telecommunications Satellite Organization,INTELSAT)发射了“Epic”系列的首颗Intelsat-29e通信卫星,8月一箭双星方式发射了Intelsat 33e和Intelsat 36通信卫星。卫星容量25～60 Gbit/s,为欧洲、非洲、亚洲等地区提供广播、高速数据通信服务。

2019年2月,美国一网(OneWeb)公司发射首批6颗宽带卫星。OneWeb计划打造一个星座(constellation)卫星互联网络,至少布置648颗低轨卫星,为全球提供互联网覆盖服务。

2019年5月,美国太空探索技术公司(SpaceX)发射了星链(Starlink)首批组网卫星一箭60星。SpaceX的Starlink卫星互联网计划迈出了第一步,美国联邦通信委员会(Federal Communications Commission,FCC)已经批准SpaceX为Starlink发射两组卫星，包括一组 4 408 颗卫星，以及另一组 7 518 颗卫星。为地球的每个区域提供互联网服务。

2020 年 7 月，美国联邦通信委员会批准了亚马逊柯伊伯星座（Kuiper）计划，该计划将向轨道发射 3 236 颗卫星，通过使用先进的卫星和地面站技术，为没有服务和服务质量不高的用户、美国企业和全球用户提供宽带服务。

2. 我国卫星通信的发展

我国从 20 世纪 70 年代中期开始发展卫星通信技术，以满足日益增长的通信、广播和教育事业的发展需求。21 世纪我国在宽带卫星通信、高通量卫星和卫星移动通信等方面取得了快速发展，逐步实现了对我国及周边地区、海洋等覆盖的卫星通信服务。

1970 年 4 月，我国发射了第一颗人造地球卫星"东方红一号"（DFH－1），成为继苏联、美国、法国、日本之后世界上第五个独立研制并发射人造地球卫星的国家。卫星采用自旋稳定方式。它通过短波发射系统反复向地面播送"东方红"乐曲。

1984 年 4 月，发射了第一颗试验用同步通信卫星"东方红二号"（DFH－2），开始了我国自主研制卫星进行卫星通信的历史。

1988 年 3 月，发射了第一颗实用通信卫星"东方红二号甲"（DFH－2A），后续成功发射了第二颗和第三颗，它们分别定点于东经 87.5°、110.5°和 98°，这 3 颗卫星工作情况良好，在我国电视传输、卫星通信及对外广播中发挥了重要作用。

1997 年 5 月，发射了"东方红三号"（DFH－3），这是我国新一代通信卫星，并于 1998 年初正式开始商业服务，主要用于电话、传真、数据传输、电视等业务，该系列卫星具有国际同类卫星（中型容量）的先进水平。

2006 年 10 月，发射了"鑫诺二号"（SINOSAT－2）卫星，这是我国自行研制的新一代大功率通信广播卫星，是基于我国自主研发的新一代大容量"东方红四号"（DFH－4）卫星平台和第一颗具有抗干扰能力的广播通信卫星研制的。虽然该卫星在定点过程中出现技术故障，但是卫星的发射还是开创了我国广播电视发展的新机遇。

2008 年 4 月，我国首颗数据中继卫星"天链一号 01 星"发射升空。中国航天器开始拥有天基数据中继站，主要为我国神舟载人飞船及后续载人航天器提供数据中继和测控服务。同时，为我国中、低轨道资源卫星提供数据中继服务，为航天器发射提供测控支持。

2016 年 8 月，我国卫星移动通信系统首颗卫星发射成功。这是我国自主研制的卫星移动通信系统，空间段由多颗地球静止轨道卫星组成，将与地面移动通信系统共同构成天地一体化移动通信网络，为我国及邻近国家，以及太平洋、印度洋大部分海域的用户提供全天候、全天时、稳定可靠的移动通信服务。

2017 年 4 月，发射了中星 16 号卫星（实践十三号卫星），这是我国首颗高通量通信卫星，通信总容量为 20 Gbit/s，超过我国已研制发射的通信卫星容量总和。实践十三号卫星首次在高轨卫星应用自主研制的电推进系统，首次在我国卫星上应用 Ka 频段多波束宽带通信载荷，开展我国高轨卫星与地面的双向激光通信技术试验。

2018 年 12 月，"鸿雁"星座首发卫星成功发射。鸿雁全球卫星星座通信系统是中国航天科技集团有限公司计划项目。该系统将由 324 颗低轨道小卫星及全球数据业务处理中心组成，可全天候、全时段提供全球范围内双向、实时数据传输，以及短报文、图片、音

频、视频等多媒体数据服务。

2018 年 12 月，"虹云工程"天基互联网首颗技术验证卫星发射升空。"虹云工程"是中国航天科工集团计划项目，将完成 156 颗低轨星座部署，构建一个星载宽带全球移动互联网络，实现网络无差别全球覆盖。

2019 年 1 月，发射了中星 2D 卫星，这是一颗通信广播卫星，可为全国广播电台、电视台、无线发射台和有线电视网等机构提供广播电视及宽带多媒体等传输业务。该卫星的成功发射为我国通信广播事业提供了更好的服务。

从 Clarke 提出卫星通信设想开始，经历了 20 多年的时间，科学家们完成了通信卫星的试验，并开始投入商用卫星通信系统的使用。

卫星通信系统除了支持典型的远程宽带接入、数据传输、语音通信和广播业务外，还可以将地球静止轨道卫星或中、低轨道卫星作为中继站，实现区域乃至全球范围的移动通信。卫星移动通信的最大特点就是可以为移动用户之间提供通信服务，具有覆盖区域更广、不受地理条件约束和用户移动限制等优势，移动用户通信终端一般包括车载终端、船载终端、机载终端和手持终端。卫星移动通信系统可提供语音、数据、视频等业务，既适用于民用通信，也适用于军事通信，既可支持区域通信，也可支持全球覆盖通信。这些特点表明卫星移动通信与地面系统结合，已成为移动通信的一个重要发展方向。

1.3 卫星通信业务分类

卫星通信的业务根据其特点和用户需求，可以提供多种服务。卫星通信业务是指经过通信卫星和地面站（终端）组成的卫星通信网络提供的语音、数据、视频图像等业务。地面站指固定地面站、可移动地面站、移动或手持用户终端。各种卫星地面站（终端）经过卫星连通提供的各种通信服务，构成国际、区域和国内的综合业务传输及广播节目传送等。

1. 卫星通信服务

通常的卫星通信服务可分为卫星通信固定业务（Fixed Satellite Service，FSS）、卫星通信移动业务（Mobile Satellite Service，MSS）和卫星广播业务（Broadcast Satellite Service，BSS）。

（1）卫星通信固定业务。

卫星通信固定业务针对卫星通信固定地面站和甚小口径地球站（Very Small Aperture Terminal，VSAT）等，提供双向的语音、数据、视频图像等业务。

（2）卫星通信移动业务。

卫星通信移动业务针对陆地、海上或空中的移动 VSAT 地面站、车载终端、船载终端、机载终端或移动用户使用的便携或手持终端，提供双向的陆地、海上、空中的语音、数据、视频图像等移动通信业务。

（3）卫星广播业务。

卫星广播业务针对卫星固定或移动终端，提供面向有线电视台的电视节目传送业务、直播星电视广播业务和数字音频广播业务等。

2. 卫星通信业务

卫星通信业务按照使用设备和服务区域的分类具体如下。

(1)卫星国际专线业务。

卫星国际专线业务是指利用固定卫星地面站和通信卫星组成的卫星固定通信系统，向用户提供的点对点国际传输通道、通信专线出租业务。卫星国际专线业务有永久连接和半永久连接两种类型。提供卫星国际专线业务应用的地面站设备分别设在境内和境外，并且可以由最终用户购买或租用。卫星国际专线业务的经营者须自己组建卫星通信网络设施。

(2)卫星转发器出租、出售业务。

卫星转发器出租、出售业务是指根据使用者需要，在境内将自有或租有的卫星转发器资源(包括一个或多个完整转发器、部分转发器带宽等)向使用者出售或出租，以供使用者在境内利用其所购买或租赁的卫星转发器资源为自己或他人、组织提供服务的业务。

(3)甚小口径地球站通信业务。

甚小口径地球站通信业务是指利用卫星转发器，通过VSAT通信系统中心站的管理和控制，在国内外实现中心站与VSAT终端用户(地面站)之间、VSAT终端用户之间的语音、数据、视频图像等传送业务。

1.4　卫星通信系统组成及工作过程

卫星通信系统是利用在一定轨道高度运行的通信卫星，以无线或激光为传输媒介，对卫星通信地面站或终端的信息传输进行中继转发或交换处理而构成的系统。

卫星通信系统是由空间部分(通信卫星)、地面部分(通信地面站或终端)、跟踪遥测及指令分系统(测控站)和监控管理分系统(网络控制中心)这四大部分组成，如图1.2所示。其中，直接用来进行通信的包括通信卫星、地面部分的关口站和用户部分的卫星地面站(终端)，而跟踪遥测及指令系统和监控管理分系统负责保障通信卫星及卫星通信系统的正常工作。

卫星通信系统的工作过程为从某一卫星地面站(终端)，发射携带信息的无线信号，传输到通信卫星，经星上天线接收后，由通信卫星转发器对接收到的无线信号进行放大、变频和功率放大，或放大、解调、信息处理、调制和功率放大，再由星上天线将放大后的无线信号发向另一卫星地面站(终端)，从而实现两个卫星地面站(终端)或多个卫星地面站(终端)的远距离通信。

由卫星地面站(终端)到通信卫星的传输链路称为上行链路，由通信卫星到卫星地面站(终端)的传输链路称为下行链路。从卫星地面站(终端)到通信卫星，经通信卫星再到卫星地面站(终端)的通信过程称为一跳传输。

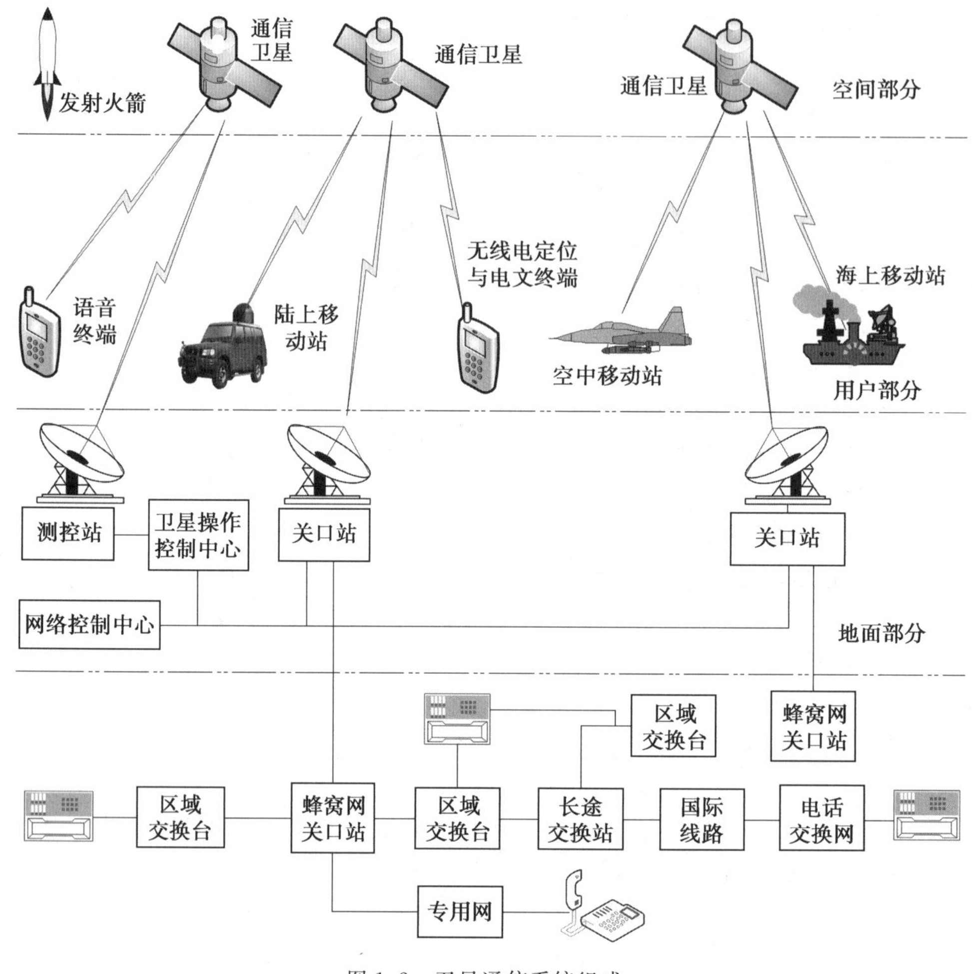

图 1.2　卫星通信系统组成

1.5　卫星通信系统频率与轨道位置分配及地面站分布

随着卫星通信技术的发展，卫星应用产业愈加受到重视，并且逐渐与地面通信网络融合，形成构建天地一体化通信网络的趋势。作为卫星通信系统，频率和轨道资源是卫星通信发展的重要前提，也是一个国家建设卫星通信系统的重要资源，各个国家对卫星频率、轨道的需求也日益增加。

卫星资源管理法规是协调、分配和使用卫星资源的基本依据和准则，其中包括国际法规和国家法规，遵守这些法规，是合理有序使用和管理卫星资源的必要基础。

卫星频率和轨道资源申请、分配应遵守的国际法规，主要包括《国际电信联盟组织法》《国际电信联盟公约》及国际电信联盟《无线电规则》《程序规则》《建议书》等。国际法规明确了各国拥有和平探索和利用外太空活动的权利，无线电频率和卫星轨道是有限的自然资源，须平等、合理、经济、有效地使用，各个卫星及系统之间应采取有效的干扰控制、协调机制，充分利用卫星频率和轨道资源。

我国的卫星资源管理法规有《中华人民共和国无线电管理条例》《中华人民共和国无线电频率划分规定》《设置卫星网络空间电台管理规定》《建立卫星通信网和设置使用地球站管理规定》等。国内法规对加强卫星频率和轨道资源科学规划和合理利用，维护我国卫星频率和轨道资源的合法权益，发挥了重要作用。《中华人民共和国无线电频率划分规定》参照并遵循国际电信联盟《无线电规则》，是我国最重要和最基本的频率管理政策文件。

在《国际电信联盟组织法》中规定"经济、有效地使用无线电和卫星轨道资源"的要求，早期国际规则中卫星频率和轨道资源的主要分配形式为"先申报就可优先使用"的抢占方式。各国首先根据需要，依据国际规则向国际电信联盟（International Telecommunication Union，ITU）申报所需要的卫星频率和轨道资源，先向 ITU 申报的国家具有优先使用权，按照申报顺序的优先次序，相关国家之间要遵照国际规则开展国际频率干扰协调，后申报国家应采取措施，保障不对先申报国家的卫星产生频率干扰。国际规则还规定，卫星频率和轨道资源在登记后的 7 年内，必须发射卫星启用所申报的资源，否则所申报的资源自动失效。在 2019 年的世界无线电通信大会（World Radiocomunication Conference，WRC）上，主要针对星座系统提出了"里程碑"规则，要求运营商向 ITU 申请一个低轨星座和通信频段后在 7 年内发射一颗卫星并正常运行 90 天，或以 2021 年 1 月 1 日为起点（在此前低轨卫星网络申报满 7 年），然后在 2 年内发射卫星总量的 10%，5 年内发射卫星总量的 50%，7 年内将申请的卫星数量全部发射完毕。频谱与轨道抢占规则为国际申报—国际协调—国际登记。

1.5.1　频率划分

ITU 将卫星通信频率按地理空间分为 3 个区域，不同区域之间的频率资源可以复用。

① 欧洲、非洲等地区及俄罗斯、蒙古等国。

② 南美洲、北美洲。

③ 亚洲（除去①包括的亚洲地区）、大洋洲。

频率范围及频段定义见表 1.1。

表 1.1　频率范围及频段定义

频率范围/GHz	频段定义
0.1～0.3	VHF
0.3～1.0	UHF
1.0～2.0	L
2.0～4.0	S
4.0～8.0	C
8.0～12.0	X
12.0～18.0	Ku
18.0～27.0	K

续表 1.1

频率范围/GHz	频段定义
27.0～40.0	Ka
40.0～75.0	V
75.0～110.0	W
110～300	mm
300～3 000	μm

1.5.2 轨道划分

地球卫星轨道一般按轨道高度来划分，高度是指卫星在空间的运行轨道距地球表面的高度。

(1)按轨道高度划分具体如下。

①地球静止轨道(GEO)，轨道高度 35 786 km，且在地球赤道上空。

②中轨道(Medium Earth Orbit，MEO)，轨道高度 8 000～20 000 km。

③低轨道(Low Earth Orbit，LEO)，轨道高度 300～1 500 km。

(2)按卫星运行的轨道轨迹可分为圆轨道和椭圆轨道。

(3)按卫星轨道平面与地球赤道平面的夹角可分为赤道轨道、极轨道和倾斜轨道。

1.6 卫星通信组织

世界上最大的两个卫星通信组织是国际通信卫星组织(INTELSAT)和国际海事卫星组织(INMARSAT)。

国际通信卫星组织是 1964 年成立的，成立之初为政府间合作组织，有 11 个成员。1973 年，国际通信卫星组织为 149 个国家提供国际卫星通信服务，2001 年国际通信卫星组织成为一家私人控股公司，2006 年国际通信卫星组织成为世界上最大的固定卫星服务提供商。

国际海事卫星组织是 1979 年成立的，针对远洋运输船只的增加，海上通信严重不足的需求，成立了该组织。到 2015 年，国际海事卫星组织共有 89 个会员。国际海事卫星组织的通信卫星主要为海面船只、海上石油平台、航空飞机等提供通信服务，也为船只、飞机或其他交通工具的救援工作、灾害应急等提供通信支持。

本章参考文献

[1] 郭庆，王振永，顾学迈. 卫星通信系统[M]. 北京：电子工业出版社，2010.

[2] 罗迪. 卫星通信[M]. 北京：机械工业出版社，2011.

第 2 章 卫星运动轨道

2.1 卫星运动规律

卫星(航天器)环绕地球运动的规律与行星环绕太阳运动的规律相同。在很早以前,人们通过仔细观察已经知道了许多关于行星运动的规律。根据这些观察,约翰尼斯·开普勒(Johannes Kepler,1571—1630)推导了描述行星运动规律的三大经验定律。1665年,艾萨克·牛顿(Isaac Newton,1642—1727)根据机械定律推导出了开普勒定律,并发展了万有引力定律。

开普勒定律普遍适用于宇宙中通过引力相互作用的任意两个物体。两个物体中质量较大的称为“主体”,另一个称为“副体”。

2.1.1 开普勒第一定律

开普勒第一定律表明,卫星围绕主体的运动轨道一般是一个椭圆。椭圆有两个焦点,分别为 F 和 F',如图 2.1 所示。双体系统的质心(通常称为重心)位于其中的一个焦点上。在卫星围绕地球旋转的特定情形中,由于地球和卫星质量之间的巨大差别,因此质心的位置与地球的中心重合。

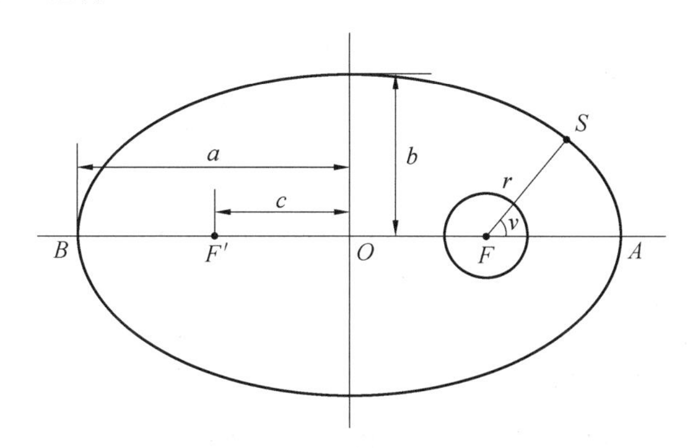

图 2.1　焦点为 F 和 F'、长半轴为 a、短半轴为 b 的椭圆轨道

椭圆的长半轴以 a 表示,短半轴以 b 表示,其偏心率 e 可表示为

$$e=\frac{\sqrt{a^2-b^2}}{a} \tag{2.1}$$

偏心率和长半轴是描述卫星(航天器)围绕地球旋转的两个轨道参数。对于一条椭圆轨道,$0<e<1$。当 $e=0$ 时,椭圆轨道变成圆形。

2.1.2 开普勒第二定律

开普勒第二定律(图 2.2)表明,在相等的时间间隔内,卫星在其轨道平面上,以重心作为中心,扫过的面积相等。假设卫星在 1 s 内运行了距离 S_1 和 S_2,则扫过的面积 A_1 和 A_2 是相同的。

在这两种情况中,平均速度分别为每秒 S_1 和每秒 S_2,并且由于等面积定律,可以得知卫星在 S_1 处的速率更大。由此得到的一个重要结论是,卫星离地球越远,穿越给定距离所需的时间越长。利用此特性,可以增加地球上特定地理区域能够看到卫星的时间长度。

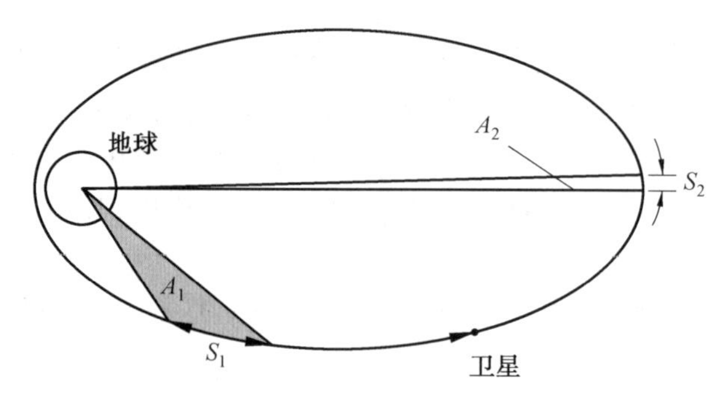

图 2.2 开普勒第二定律

2.1.3 开普勒第三定律

开普勒第三定律表明,卫星轨道周期的平方正比于卫星到主体平均距离的立方。平均距离即轨道长半轴 a。以环绕地球的人造卫星为例,开普勒第三定律可表示为

$$a^3=\frac{\mu}{n^2} \tag{2.2}$$

式中,n 为卫星运行的平均角速度;μ 为以地球为中心测得的引力常数,其值为

$$\mu=3.986\ 005\times10^{14}\ \mathrm{m^3/s^3} \tag{2.3}$$

轨道周期为

$$P=\frac{2\pi}{n} \tag{2.4}$$

开普勒第三定律的重要性在于,它指出了轨道周期和长半轴之间的关系。

2.2 卫星轨道要素

2.2.1 轨道参数

(1)地球轨道卫星系统常用术语定义。

如前所述，开普勒定律一般适用于围绕一个主天体旋转的卫星运动。对于围绕地球旋转的卫星的特定情况，使用了一些特定的术语来描述相对地球而言的轨道位置，具体如图 2.3 和图 2.4 所示。

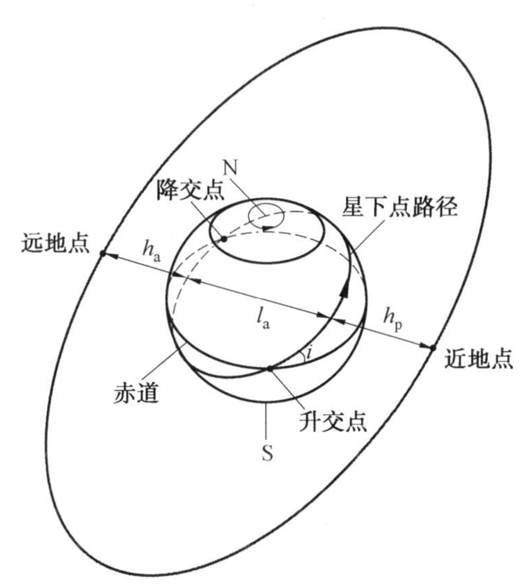

图 2.3　地球轨道卫星系统常用术语示意图

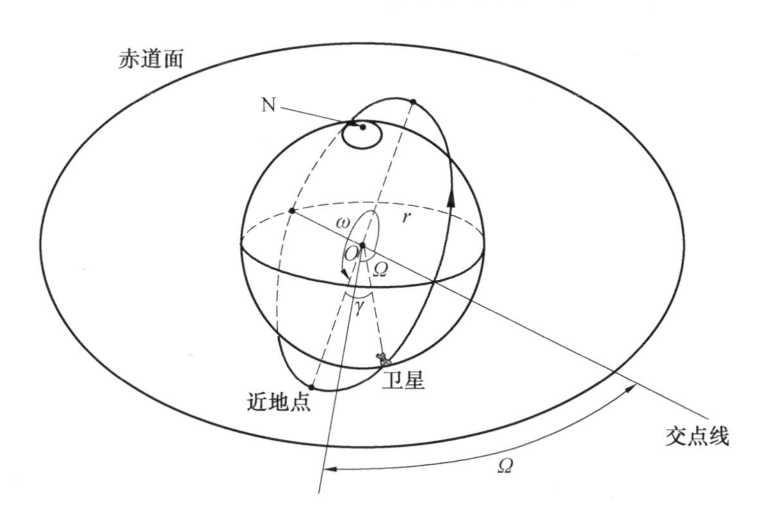

图 2.4　近地点幅角和右旋升交点赤经

①远地点。远地点是离地球最远的点。在图 2.3 中远地点的高度以 h_a 来表示。

②近地点。近地点是离地球最近的点。在图 2.3 中近地点高度以 h_p 来表示。

③拱线。拱线是穿过地球中心连接远地点和近地点的连线，拱线用 l_a 来表示。

④升交点。升交点是轨道从南向北穿过赤道面的点。

⑤降交点。降交点是轨道从北向南穿过赤道面的点。

⑥交点线。交点线是穿过地球中心连接升交点和降交点的连线。

⑦轨道倾角。轨道倾角是轨道面和地球赤道面之间的夹角。它是在升交点处从东向

北在赤道和轨道之间测得的。在图 2.3 中轨道倾角用 i 来表示。可以看到，最高的纬度（南纬或北纬）等于倾角。

⑧近地点幅角。近地点幅角是在地球中心处卫星轨道面内卫星运动方向上测得的从升交点到近地点的角度，在图 2.4 中近地点幅角以 ω 来表示。

⑨右旋升交点赤经。为了完整定义轨道在空间中的位置，需要规定升交点的位置。然而，由于地球自转，在保持轨道面静止的情况下（实际上会发生慢的漂移），升交点的经度是不固定的，因此不能作为绝对的参考点。在轨道的实际测量中常常要用到升交点的经度和越过升交点的时间。然而，对于绝对测量，需要在空间中有个固定的参考点。因此选择白羊座的第一个点，也称为春分点作为参考。当太阳从南到北越过赤道时，进入春分，画出假想的从穿越太阳中心的赤道点到春分点间的线，称为春分线。右旋升交点赤经是在赤道面上，从春分线向东到升交点的夹角，如图 2.4 所示的 Ω。

⑩平近点角。平近点角是卫星平均角速度乘卫星从近地点运行到卫星位置的实际时间得到的计算角度。

⑪真近点角。真近点角 γ 是在地球中心测得的从近地点到卫星位置的角度。

（2）轨道六根数。

绕地人造卫星的位置可以用 6 个轨道参数来完全确定，这 6 个参数通常称为开普勒元素集。其中的长半轴 a 和偏心率 e 给出了椭圆的形状。平近点角 M 定义了在某个参考基准时间（也称为公元纪年）下卫星在轨道中的坐标。近地点幅角 ω 给出了地球赤道面上轨道近地点相对于轨道交点线的旋转角度。轨道倾角 i 和右旋升交点赤经 Ω 将轨道平面坐标与地球坐标关联起来。

2.2.2 时间系统

为了描述天体运动，既需要一个联系天体位置测量的确定时刻（即瞬间），又需要一个反映天体运动过程经历的均匀时间间隔（尺度），地球自转曾作为这两种时间系统的统一基准。但由于地球自转的不均匀性，岁差、章动和极移的影响，以及测量精度的不断提高，问题就随之复杂化，既要有均匀的时间基准，又要与地球自转相协调（联系到天体位置的测量）。

1. 日历

日历是一种把年分成月、周和天的计时方法。日历中的天是以地球相对于太阳运动为参考的时间单位。当然，考虑太阳相对于地球运动是更方便的。此运动不是匀速的，因此，引入了命名为“平均太阳”的假想太阳。平均太阳是以匀速运动的，它围绕地球一圈所需的时间与实际太阳所需的时间相同，称此时间为“回归年”。相对于此，以平均太阳测得的一天被称为平均太阳日。日历中的“天”都是平均太阳日。

一个回归年包括 365.242 2 天。为了使日历年（也称为民用年）更易于使用，它通常被分为 365 天。多余的 0.242 2 天是有意义的，如 100 年后，在日历年和回归年之间将有 24 天的差异。朱利叶斯·恺撒(Julius Caesar)首先通过引入闰年来解决该差异。在其方法中，每当年号能被 4 整除时就在当年的 2 月中增加 1 天。这就诞生了儒略历(Julian Calender)。在儒略历中，一个民用年平均等于 365.25 天，这是对回归年的合理近似。

到了 1582 年，在民用年和回归年之间再次出现了一个明显的差异。罗马教皇格里高利十三世通过宣布取消 1582 年 10 月 5 日～10 月 14 日这些天来处理这个差异，从而使得民用年和回归年重新一致，并且对闰年增加了一个额外的限制，即最后 2 位为零的年必须要能被 400 整除才能算作闰年。此巧妙的解决办法用来在每 400 年中去除 3 天。得到的日历被称为格里高利日历，这就是目前使用的日历。

2. 国际原子时

国际原子时(Temps Atomique International，IAT)是一种标准频率。1967 年 10 月，第十三届国际度量衡会议决定引入新的国际单位秒长——原子时秒长，其定义是，位于海平面上的铯原子 Cs-133 基态的两个超精细能级在零磁场中跃迁辐射振荡为 9 192 631 770周所经历的时间。由这种时间单位确定的时间系统称为国际原子时，取 1958 年 1 月 1 日世界时零时为其起算点。

3. 协调世界时

协调世界时(Universal Time Coordinated，UTC)是用于所有民用计时的时间，它是一个由国家标准局广播的时间基准，用作设置时钟的标准。UTC 基于国际原子时频率标准。UTC 的基本单位是平均太阳日。根据"时钟时间"，1 平均太阳日分为 24 h，1 h 分为 60 min，1 min 分为 60 s。这样，在一个平均太阳日中包括 86 400 个"时钟秒"。卫星轨道纪元时间是根据 UTC 给出的。

UTC 与格林尼治标准时间(Greenwith Mean Time，GMT)及祖鲁时间是等效的。还有许多其他的世界时(Universal Time，UT)系统，它们都是相互有关联的，并且都以平均太阳日作为基本单位。

4. 儒略日期

日历时间是以 UT 来表示的，尽管任何两个事件之间的时间间隔都可以用它们的日历时间之间的差别来测量，但日历时间的表示方法不适用于对许多事件的定时计算。需要一种能够把所有事件都以十进制的天数来关联的基准时间。这样一种基准时间就是儒略零时间，即公元前 4713 年 1 月 1 日中午 12 点(12:00 UT)。当然，这个日期在当时是不存在的，它是根据一个特定的公式计数得到的假设的开始点。

5. 恒星时

恒星时是相对于恒星测得的时间，图 2.5 所示为恒星日和太阳日。可以看出，地球相对于恒星旋转了一圈时，地球相对于太阳还没有完成旋转一圈。这是由于地球是在围绕

太阳的轨道中运动的。

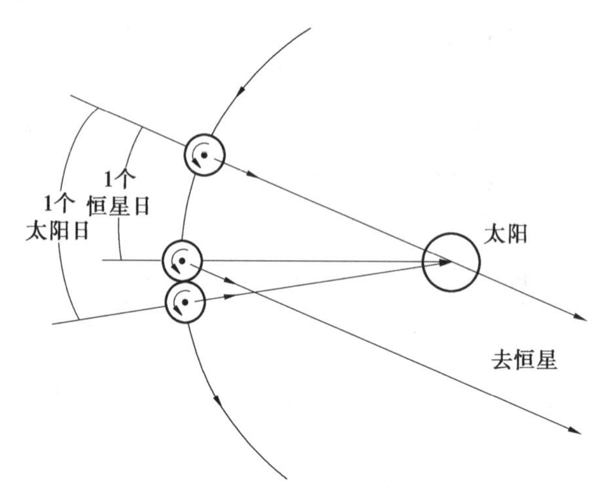

图 2.5 恒星日和太阳日

2.2.3 空间坐标系

讨论航天器的运动，就是要了解其位置矢量随时间的变化规律，而位置矢量的表达取决于空间坐标系的选择。根据已形成的习惯用法，它涉及如下三大类空间坐标系统。

(1)地心赤道坐标系统。

地心赤道坐标系统是讨论人造地球卫星运动时所采用的主要坐标系统。事实上，讨论人造月球卫星以及其他大行星的卫星（包括探测器和自然卫星）运动时，相应的空间坐标系也有类似的取法，如地心换成月心或有关的大行星质心。

(2)日心黄道坐标系统。

太阳系中行星（包括大行星和小行星）的历表都是在日心黄道坐标系中给出的，星际探测器远离地球后其运动状况也将在此类坐标系中讨论。

(3)测站坐标系统。

为了表达航天器的各种观测量，总要联系到观测站，这就需要测站坐标系统。

2.3 卫星轨道分类

2.3.1 轨道分类

根据所选的参照点不同，卫星轨道可以分成下面的不同类别：①按照轨道倾角（即卫星轨道平面和赤道平面的夹角）的不同，卫星轨道可分为赤道轨道、顺行轨道、极轨道和逆行轨道；②按照轨道偏心率的不同，可分为圆轨道、近圆轨道、椭圆轨道、抛物线轨道和双曲线轨道；③按照轨道高度的不同，可分为低轨道、中轨道和高轨道；④按照卫星轨道的重复特性，可分为回归轨道、准回归轨道和非回归轨道。卫星的运行周期越长，可见星的时间也越长；但是卫星的高度越高，则信号传输距离越长，自由路径损耗越大，时延也越大。

2.3.2　地球静止轨道

运行周期等于地球自转周期(23 h 56 min 4 s)的顺行人造地球卫星轨道被称为地球同步轨道。倾角为 0°的圆形地球同步轨道，称为地球静止轨道。地球静止轨道满足下列条件。

(1)卫星必须向东运行，其速度与地球自转速度相同。

(2)轨道必须是圆的。

(3)轨道倾角为 0°。

第一个条件是显而易见的，如果卫星相对于地球是静止的，它的运行速度与地球自转速度相同，且是匀速运动。根据这一点以及开普勒第二定律，得出第二个条件，匀速意味着卫星信号在相同的时间内扫过的地球表面相同，这只有当轨道是圆时才能做到。至于第三个条件，轨道倾角必须为 0°，是因为如果倾角不为 0°，则卫星会在南北半球之间来回运行，这样就无法做到对地静止。只有当倾角为 0°，也就是卫星轨道在地球赤道平面上时，才能避免卫星的南北运行。

设地球静止轨道的半径为 a_{GSO}，由开普勒第三定律可得

$$a_{\mathrm{GSO}}=\left(\frac{\mu P^2}{4\pi^2}\right)^{1/3} \tag{2.5}$$

对地静止的周期 P 平均为 23 h 56 min 4 s 太阳时(正常情况下)，这是地球相对于恒星完成一次南北轴对调的时间。用式(2.3)给出的 μ 值代入，可得

$$a_{\mathrm{GSO}}=42\ 164\ \mathrm{km} \tag{2.6}$$

赤道半径约为

$$a_{\mathrm{E}}=6\ 378\ \mathrm{km} \tag{2.7}$$

因此，对地静止轨道高度为

$$h_{\mathrm{GSO}}=a_{\mathrm{GSO}}-a_{\mathrm{E}}=42\ 164-6\ 378=35\ 786(\mathrm{km}) \tag{2.8}$$

实际上，由于宇宙外力和地球赤道的不规则形状影响，完全精确的对地静止轨道是不存在的。太阳和月亮的引力场会导致每年大约 0.85°的倾斜。同时，赤道椭圆率也会导致卫星沿轨道不断东移。所以在实际操作中，需要对卫星轨道进行位置保持以修正这些偏移。

需要注意的是，有且仅有一条对地静止轨道存在。因此全世界的通信权威机构都承认对地静止轨道是自然资源，其使用需要经过国家级或国际级协议的严格审批。

2.4　星下点和卫星覆盖

2.4.1　星下点

作卫星与地心的连线，连线与地面的交点称为卫星的星下点。随着卫星在轨道上的运动，星下点在地面上的位置也在不断变化，将各时刻星下点连接起来，在地面上形成的轨迹称为星下点轨迹。针对不同的用途或不同的精度要求，星下点有不同的定义，如图

2.6 所示。

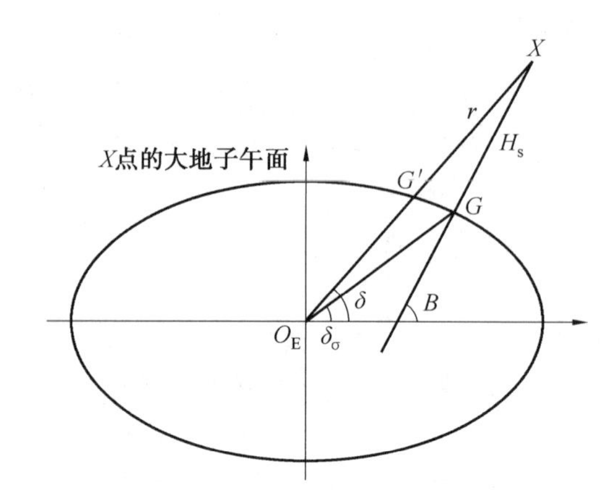

图 2.6　两种星下点定义

常用的星下点定义有两种，具体如下。

(1)地球采用参考椭圆模型，把地心和卫星连线与地球椭球面的交点定义为星下点，如图 2.6 中的 G' 点。

(2)地球采用参考椭球模型，把卫星在椭球面上的垂直投影点定义为星下点，如图2.6 中的 G 点。

2.4.2 卫星覆盖

卫星对地面的覆盖如图 2.7 所示，设卫星 S 某时刻的瞬时高度为 h，相应的星下点为 G。作卫星与地球的切线，称为卫星的几何地平，其包围的地面区域称为覆盖区，是卫星在该时刻可能观测的地面区域总和，覆盖区以外的地面区域称为覆盖盲区。设 P 为几何地平上的一点，称为水平点，则 $\angle SO_EP=d$ 称为卫星对地面的覆盖角。

$$d=\arccos\left(\frac{a_E}{a_E+h}\right) \tag{2.9}$$

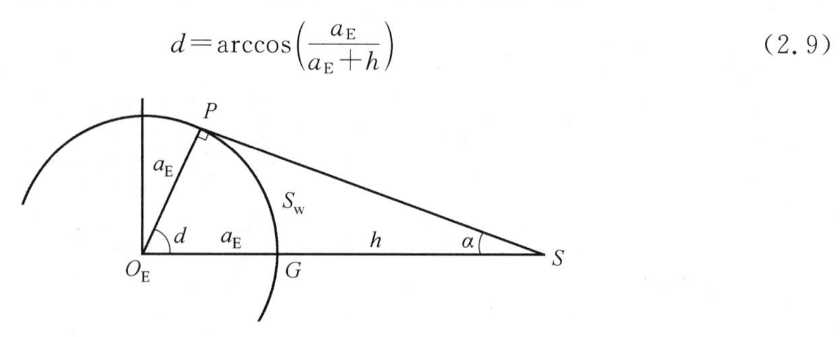

图 2.7　卫星对地面的覆盖

另外，$\angle\alpha=\angle PSG$ 为卫星对地面的中心角，P 至 G 的弧线距离的二倍称为覆盖带宽 S_w，覆盖区的面积为 A，它们均可用 d 表示。有

$$\alpha=90^\circ-d \tag{2.10}$$

$$S_w=2a_E\cdot d \tag{2.11}$$

$$A=2\pi a_E^2(1-\cos d)=4\pi a_E^2\sin^2\frac{d}{2} \tag{2.12}$$

在最大覆盖区范围内的边缘地区，由于地面物遮挡，因此利用卫星观测、通信或摄影的效果不好。在应用上通常要确定一有效的覆盖区，即规定视线 SP 与水平面的夹角不能小于某一值 σ，该值被称为最小观测角，对应的覆盖角记为 d_σ（图 2.8）。$\angle PSO_E$ 中由正弦定律可得

$$a_E\cos\sigma=(a_E+h)\cos(d_\sigma+\sigma) \tag{2.13}$$

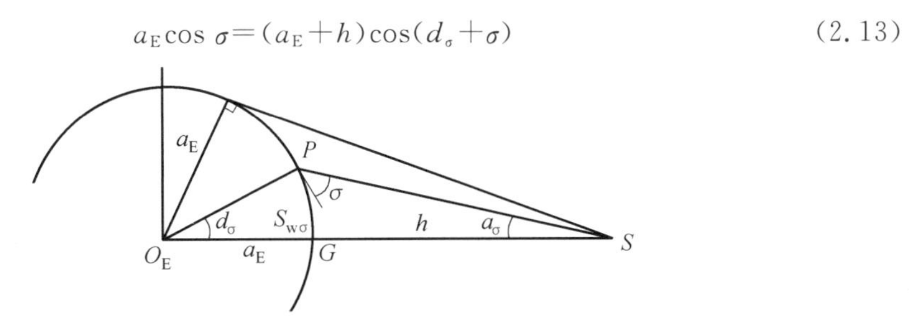

图 2.8　最小观测角约束下的卫星覆盖

则覆盖角 d_σ 相应地减小为

$$d_\sigma=\arccos\left(\frac{a_E\cos\sigma}{a_E+h}\right)-\sigma \tag{2.14}$$

用 d_σ 取代式(2.10)～(2.12)中的 d，可得在最小观测角约束下的地面中心角 α_σ，覆盖带宽 $S_{w\sigma}$，覆盖区的面积 A_σ。

2.5　轨道摄动

2.5.1　地球非球形摄动

开普勒第三定律适用于质量均匀分布的理想的球形地球。然而地球并不是一个理想的球形，它在赤道上是鼓起的而在两极是扁平的，其形状可以描述为是一个扁球形的椭球体。

地球赤道凸起部分对卫星产生轻微摄动，因为地球引力不恒指向地心，使轨道平面产生进动（就像旋转陀螺一样），因而使升交点产生进动 $\Delta\Omega$。升交点变化率 $\dot{\Omega}$ 是 a、e 和 i 的函数。

对于顺行轨道（$i<90°$），$\dot{\Omega}$ 为负，即节点西退；对于逆行轨道（$i>90°$），$\dot{\Omega}$ 为正，即节点东进。i 越小，$\dot{\Omega}$ 量值越大。图 2.9 所示为地球扁率对升交点的影响。其中，圆轨道高度为 100 km，椭圆轨道的偏心率为 0.23，则近地点高度为 111.423 km，远地点高度为 3 988.303 km。从图 2.9 中可以看出，卫星越高，地球赤道凸起部分对轨道的影响越小。这是显而易见的，因为引力与距离平方成反比。图 2.9 还说明了如果卫星处于极轨道上（对应于图 2.9 的中心部分），那么地球赤道凸起部分对轨道不产生影响；而卫星处于高度较低且倾角较小的轨道上时，这种影响最大。这也是显而易见的，因为卫星在轨道上越接近赤道凸起部分，所受引力影响越大。对于低高度且轨道更接近赤道的情况，升交点每天可以移动 9°。

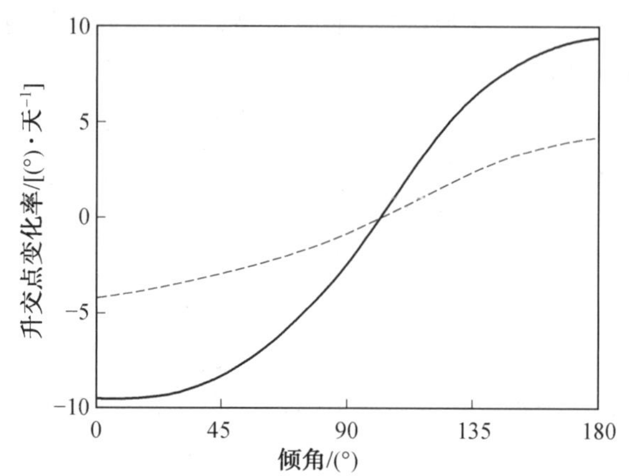

图 2.9 地球扁率对升交点的影响

2.5.2 大气阻力摄动

在大气层中飞行的航天器所受的气动力也随着大气状态不同而异，在 200 km 高度，航天器所承受的气动力为大气阻力，阻力加速度的表达式为

$$f=-\frac{1}{2}C_D\frac{S_D}{m}\rho v \tag{2.15}$$

式中，C_D 为阻力系数；ρ 为航天器所在空间的大气密度；S_D/m 为航天器面质比；v 为航天器相对大气的速度。

因为阻力不是保守力而是耗散力，因与卫星摩擦而损耗其能量，使长半轴 a 减少、偏心率也减少，因而轨道会变得更圆。大气阻力对近地椭圆轨道的影响如图 2.10 所示，当卫星处于椭圆轨道上的近地点时，它比相同高度圆轨道上的卫星速度更大，每当卫星经过近地点时，大气阻力就使卫星减速，使其速度更接近圆轨道速度。

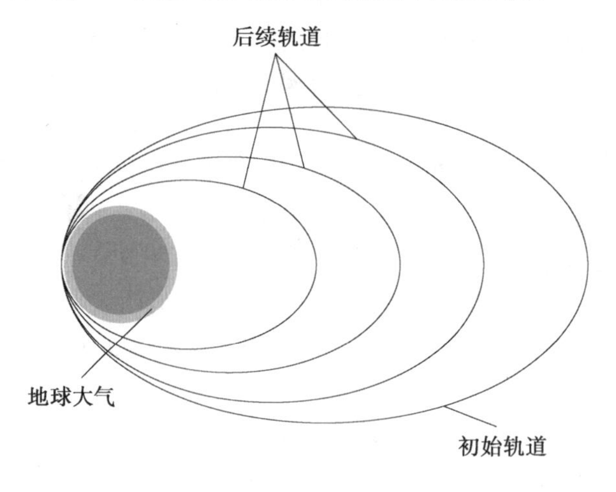

图 2.10 大气阻力对近地椭圆轨道的影响

2.6　星蚀和日凌中断

2.6.1　星蚀

如果地球的赤道平面与地球绕太阳公转平面（黄道平面）重合，则对地静止卫星每天将会发生一次地球日蚀。事实上，赤道平面与黄道平面之间有 23.4°的夹角，这使得卫星在一年内大部分时间都能持续见到太阳，如图 2.11 所示的位置 A。在每年春分、秋分前后，当太阳经过赤道平面时，卫星有一段时间将会进入地球的阴影区，这就是卫星的地球日蚀，简称星蚀。图 2.11 所示为春分、秋分前后的卫星星蚀和日凌中断。

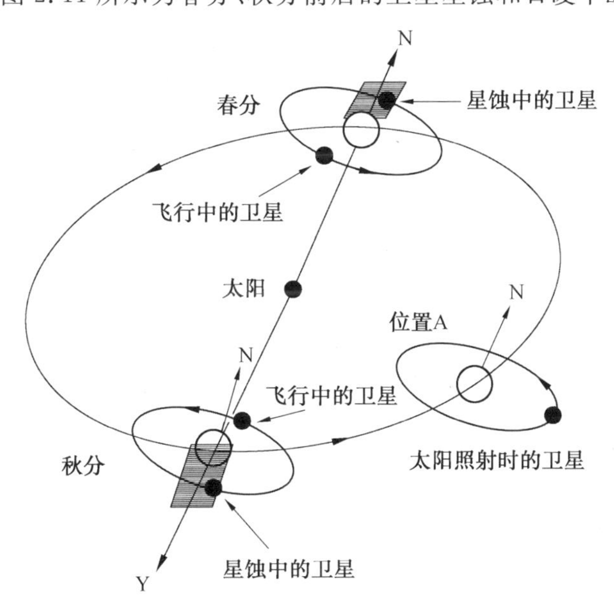

图 2.11　春分、秋分前后的卫星星蚀和日凌中断

星蚀在春分、秋分前 23 天开始，于春分、秋分后 23 天结束。在星蚀发生时，太阳能电池不起作用，卫星所需能源只能靠蓄电池供给。如图 2.12 所示，当卫星位于地球站以东时，卫星是在地球站处于白天（或傍晚）时进入星蚀的，此时卫星使用率较高，消耗蓄电池能量较大；当卫星位于地球站以西时，卫星是在地球站处于夜晚（或清晨）时进入星蚀的，此时耗能就比较低。因此，卫星位于地球站以西更为合理。

2.6.2　日凌中断

在春分、秋分前后，还有一种情况需要考虑，即卫星运行于地球与太阳之间时（图 2.11），太阳就进入了地球站天线的波束范围。此时，太阳噪声十分强大，能使卫星信号完全中断，这种现象称为日凌中断，它的持续周期比较短，只在春分、秋分前后 6 天左右。日凌中断的发生与持续周期取决于地球站的纬度，最长的单次中断时间一般为10 min。

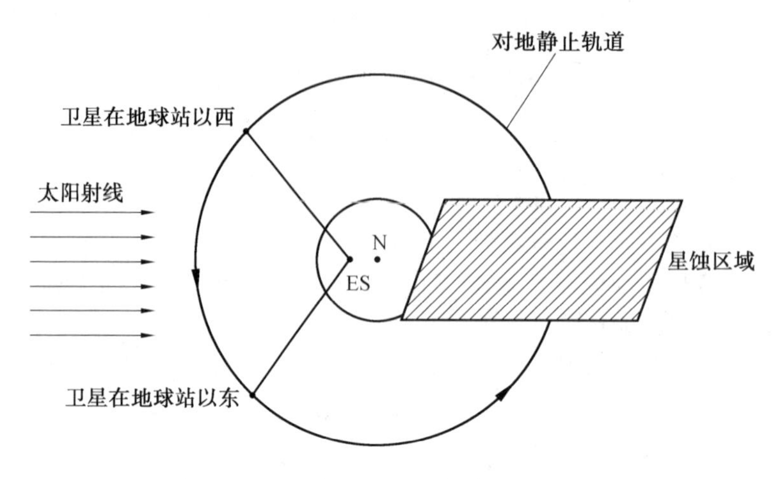

图 2.12　位于地球站不同位置卫星的星蚀

本章参考文献

[1] 张乃通，张中兆，李英涛，等. 卫星移动通信系统[M]. 2 版. 北京：电子工业出版社，2000.

[2] 郭庆，王振永，顾学迈. 卫星通信系统[M]. 北京：电子工业出版社，2010.

[3] 罗迪. 卫星通信[M]. 北京：机械工业出版社，2011.

第3章 卫星通信系统空间段

3.1 空间段的组成

卫星通信系统从总体上可以分为地面段和空间段两部分。空间段包括卫星以及对卫星进行控制所需的地面跟踪、遥测和指令(Telemetry Track and Command,TT&C)设施,在卫星通信系统中,通常专门用一个地面站来实现对卫星的 TT&C 功能。

通信卫星由空间平台和有效载荷两部分组成,其示意图如图 3.1 所示。空间平台又称为卫星公用舱,不仅包括承载有效载荷的舱体,还包括用来维持有效载荷在空中正常工作的保障系统,如电源、结构、温控、控制及跟踪遥测指令等分系统。有效载荷是指用于提供业务的设备,对于通信卫星有效载荷主要包括天线分系统和通信转发器。

本章主要介绍通信卫星的空间平台和有效载荷的主要功能及系统特性。

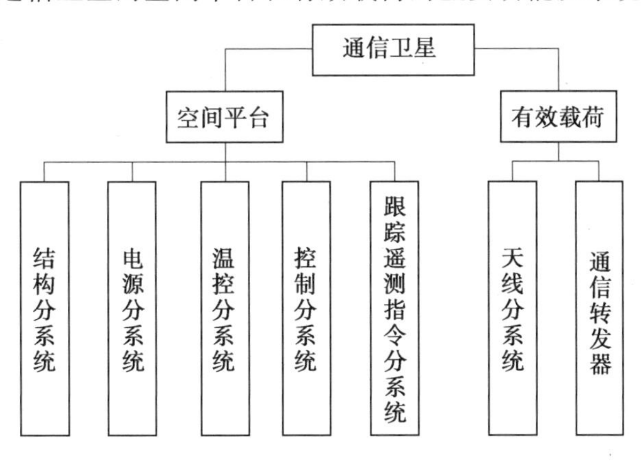

图 3.1 通信卫星组成示意图

3.2 空间平台

3.2.1 结构分系统

空间平台的结构是卫星的主体,使卫星具有一定的外形和容积,并能够承受星上各种载荷和防护空间环境的影响。空间平台的结构一般由轻合金材料或复合材料组成,外部

覆盖保护层。自旋稳定卫星结构和三轴稳定卫星结构是两种常用的卫星结构。

3.2.2 电源分系统

星上电源分系统由一次能源、二次能源及供配电设备组成。

一次能源采用硅光太阳能电池阵，整个太阳能电池由大量串联、并联的太阳能电池阵组成。太阳能电池阵输出的电压很不稳定，还需要经过电压调节器才能使用。对于自旋稳定卫星，任何时间都只有 1/3 左右的太阳能电池阵暴露在太阳下，产生的功率受到限制。三轴稳定卫星由于可以将太阳能电池帆板展开，因此可以获得比自旋稳定卫星大得多的电功率。三轴稳定卫星的太阳能电池由很多铰链组成，分成两组。在发射阶段必须先将太阳帆板折叠起来，到达运行位置之后再展开，每组帆板固定在卫星的悬臂上，悬臂与轨道平面垂直，每天只需要旋转一次，以保持电池阵面指向太阳。但是，大的质量和将电池阵展开时用的驱动马达的复杂性，使得相对于低功率卫星，自旋稳定卫星更具优势。

二次能源采用化学能电池，由于一年中地球同步轨道卫星要经受 80 多天的星蚀，最长的持续时间达 72 min。因此，在星蚀期间，必须使用蓄电池为卫星提供能源，以保证卫星的正常工作。蓄电池与太阳能电池并接，非星蚀期间，蓄电池充电；星蚀期间，蓄电池供电，保证卫星继续工作。图 3.2 所示为一年中卫星所经历星蚀的时间。

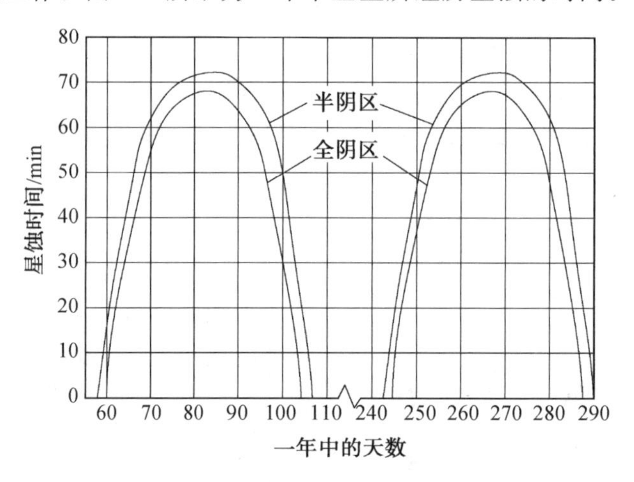

图 3.2 一年中卫星所经历星蚀的时间

3.2.3 温控分系统

在外层空间中，卫星的一面直接受到太阳辐射，而另一面则对着寒冷的太空，两面的温度差别非常大，卫星要承受很大的温度梯度。另外，来自地球和地球对太阳的反射引起的热辐射尽管对地球同步轨道卫星的影响可以忽略，但是对于轨道高度低的卫星影响非常明显。卫星上的设备也会产生热量，而这些热量必须散发出去。与星体稳定的卫星相比，自旋稳定卫星的一个优点就是自旋星体平均了经历太阳照射和深空冷背景的极端温度。

卫星上的设备应该工作在尽可能稳定的温度环境中，温控分系统的作用就是控制卫星各个部分的温度，保证星上各种仪器设备正常工作。通常卫星上的温度控制可以分为消极温控和积极温控两种形式。消极温控是指用涂层、绝热和吸热等方法来传导热量，它的传热方式主要是传导和辐射。积极温控是指用自动控制器来对卫星所处工作环境进行传热平衡的方法，例如用双金属弹簧引力的变化来开关隔栅，以及利用热敏元件来开关加热器和散热器，以便控制卫星内部的温度变化，使舱内仪器设备的温度保持在－20～＋40 ℃范围内。

3.2.4　控制分系统

控制分系统由各种可控的调整装置，如各种喷气推进器、各种驱动装置和各种转换开关等组成。其在地面遥控指令站的指令控制下，完成远地点发动机点火控制，对卫星的姿态、轨道位置、各分系统的工作状态和主备份设备的切换等进行控制和调整。

控制分系统是一个执行机构，即执行遥测指令分系统指令的机构，包括位置保持和姿态控制两种控制设备。位置保持设备用来消除摄动的影响，以便于卫星与地球的相对位置保持固定，通常是利用装在星体上的气体喷射推进装置(喷嘴)，根据地面控制站的指令进行工作。姿态控制设备用来保证卫星对地球或其他基准物保持正确的姿态，对于对地静止卫星，主要是保证天线波束始终对准地球和使太阳能电池帆板对准太阳。

1. 位置保持

理论上，地面上看到的对地静止卫星的位置应该是固定不变的，但是，地球赤道的椭圆性会导致对地静止卫星缓慢地沿着轨道漂移到位于东经 75°和西经 105°的两个稳定点之一。因此，使对地静止卫星保持在其正确的轨道位置上对于卫星通信是非常重要的。

为了抵消漂移，要通过启动喷嘴向卫星施加一个相反方向的速度分量，通常需要每两个或者 3 个星期对卫星的位置进行修正，使得卫星回到其标定的位置上，停留一下，然后重新开始沿着轨道漂移，直到再次启动喷嘴，这个过程称为东西位置保持机动。在 6 GHz/4 GHz频段(上下行的频段)的卫星必须保持在制定精度的±0.1°内，而在 14 GHz/12 GHz频段，则必须保持在±0.05°内。

由于太阳和月亮的重力引力，对地静止卫星在纬度方向上也会产生漂移。这些力使对地静止卫星的倾角以 0.85(°)/年的速度变化，如果不对其进行校正，漂移会导致倾角发生周期性变化，在 26.6 年内从 0°变化到 14.67°，然后再回到 0°，并以同样的周期重复。为了防止倾角漂移超过规定的限制，要在适当的时候启动喷嘴，使倾角回到 0°。当倾角回到 0°时，再启动反向喷嘴使倾角的变化暂停，这个过程称为南北位置保持机动，此过程消耗的燃料要比东西位置保持机动多很多。南北位置保持的容限与东西位置保持的容限相同，即在 C 频段为±0.1°，在 Ku 频段为±0.05°。

可以看到，东西位置保持是用来校正卫星经度的偏差，而南北位置保持是用来校正卫星轨道倾角的偏差，轨道位置的校正是根据来自 TT&C 地球站的指令进行的，TT&C 地球站负责监测卫星的位置。东西和南北位置保持机动通常使用与姿态控制相同的推进器来执行。但是，所有的校正都具有一定的不完善程度，因此，卫星投影点(卫星沿垂线在地球表面的投影)将围绕着所要求的位置描画出一个“8”字形图形。图 3.3 所示为典型的卫星移动轨迹，图中给出了卫星投影点在 24 h 周期内的运动情况。

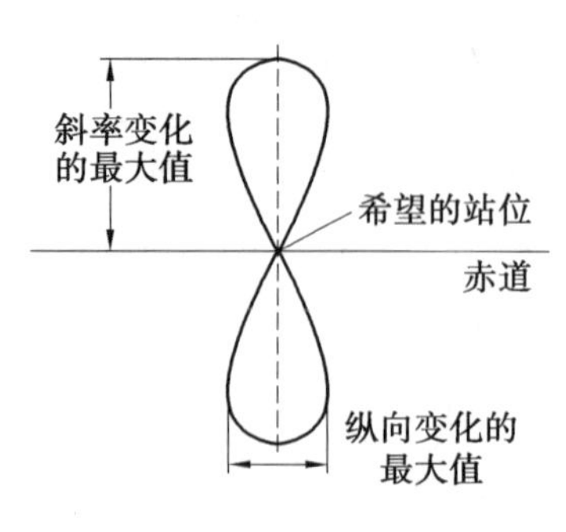

图 3.3 典型的卫星移动轨迹

卫星的高度相对标称的对地静止高度也会有±0.1%的变化。如果取对地静止高度为 36 000 km,则高度的总变化为 72 km。这样一颗 C 频段卫星可能会处在由该高度和经度与纬度的±0.1°容限所限定的“盒子”内。对地静止轨道半径近似取为 42 164 km,其 0.2°的角对应约 147 km 的弧段。这样,“盒子”的纬度和经度边长均为 147 km。图 3.4 所示为 30 m 和 5 m 天线的波束与对地静止卫星的空间位置限制关系图。

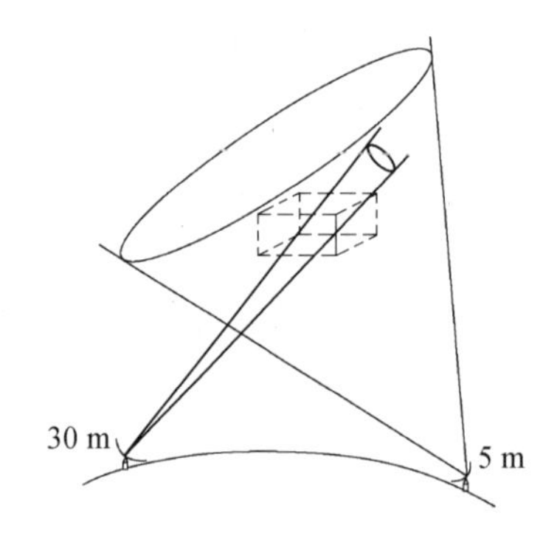

图 3.4 30 m 和 5 m 天线的波束与对地静止卫星的空间位置限制关系图

图 3.4 中给出了 30 m 和 5 m 天线的相对波束宽度。在 6 GHz 频段,30 m 天线的 −3 dB波束宽度约为 0.12°,5 m 天线的 −3 dB 波束宽度约为 0.7°。假设斜线距离为 38 000 km,30 m 天线波束到达卫星的直径约为 80 km,此波束没有包含整个“盒子”所表示的空间范围,因此可能会找不到卫星,这样对于这种窄波束天线必须对卫星进行跟踪;而 5 m 天线波束到达卫星的直径约为 464 km,能够包括整个“盒子”所表示的空间范围,因此不需要跟踪。

通过把卫星放入倾斜轨道中,可以免除南北位置保持机动,这样可以不必为这些机动携带燃料,可以节省质量,从而增加通信的有效载荷。卫星放在 2.5°～3°的倾斜轨道中,与产生漂移的方向相反,在经过约一半的预期寿命期后,轨道会变为赤道轨道,然后倾角继续增加,这种方式要求地面站使用跟踪天线。

2. 姿态控制

卫星的姿态是指其在空间的指向。卫星姿态控制对于确保有方向性的天线指向合适的方向是必需的,对于地球环境卫星,地球传感装置必须覆盖所设定的区域,也要求进行姿态控制。在轨道上运行的卫星会受到很多外界的影响,如在低轨道上的空气动力学转

矩，在中轨道上的重力梯度转矩和地磁转矩，在高轨道上的太阳辐射压转矩等，这样，就使卫星的运动姿态受到干扰，影响卫星通信功能的发挥。因此，卫星必须采用姿态控制，以使卫星的天线波束始终指向地球表面的服务区，同时，对采用太阳能电池帆板的卫星，使帆板始终指向太阳。

定义卫星姿态的三根轴为滚动轴（Roll）、俯仰轴（Pitch）和偏航轴（Yaw），简称为 PRY 轴，其示意图如图 3.5 所示。所有三根轴都穿过卫星的重力中心，其中偏航轴直接指向地球，俯仰轴垂直于卫星轨道面，而滚动轴则垂直于上述两个轴。对于赤道轨道，卫星相对滚动轴的移动使得天线波束覆盖区向北和向南移动；卫星相对俯仰轴的移动使得波束覆盖区向东和向西移动；卫星相对偏航轴的移动使得天线波束覆盖区旋转。

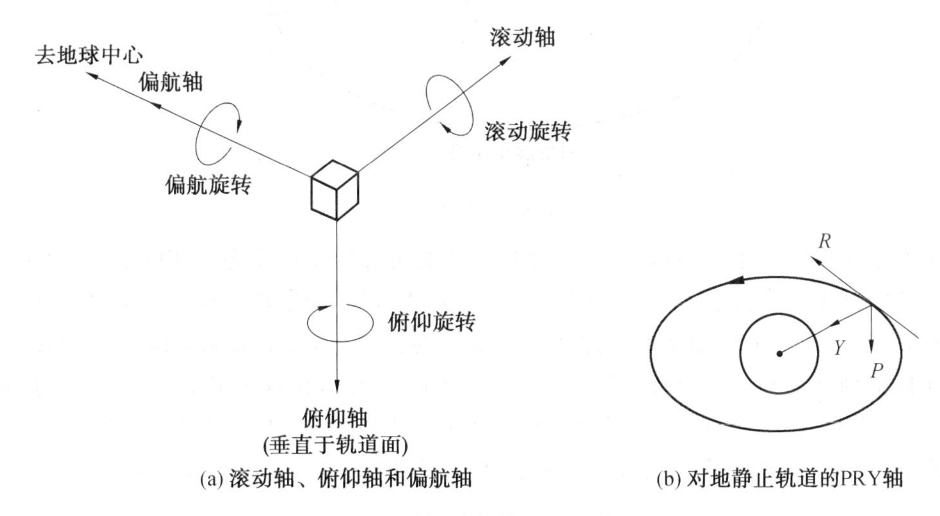

(a) 滚动轴、俯仰轴和偏航轴　　(b) 对地静止轨道的PRY轴

图 3.5　滚动轴、俯仰轴和偏航轴示意图

进行卫星的姿态控制一般包括四个步骤：①用各种传感器测定卫星姿态；②将测定结果与所需值进行比较；③计算为减小误差所需的修正量；④操作相应的发动机单元，引入修正量，进行姿态修正。

为了进行姿态控制，需要有一些措施来测量卫星在空间的指向及指向变化的趋势。测量卫星姿态的传感器主要有利用日光的太阳传感器、利用红外线的地球传感器、利用其他星球（如北极星）的恒星传感器、利用地球磁性的地球传感器、利用信标信号的电波极化面传感器以及利用惯性的陀螺仪等。利用卫星姿态传感器，可以获得卫星运行姿态的信息，进而对卫星的姿态进行控制，完成一次机动所需要的控制信号也可以由一个地球站来发送。

卫星姿态控制的方法主要有自旋稳定、重力梯度稳定、三轴稳定和磁力稳定四种。其中，自旋稳定和重力梯度稳定属于无源姿态控制，三轴稳定和磁力稳定属于有源姿态控制。无源姿态控制是指采用既能稳定卫星又无须消耗卫星能量的方法，最多偶尔使用一些能量，以产生所需要的矫正力矩；对于有源姿态控制，不存在稳定的力矩来抵消摄动力矩，而是使用矫正力矩来响应摄动力矩。下面详细介绍无源姿态控制中的自旋稳定方法，以及有源姿态控制中的三轴稳定方法。

(1)自旋稳定方法。

自旋稳定方法是根据陀螺旋转的原理,将卫星做成轴对称的形状,并使卫星以对称轴(自旋轴)为中心不断旋转,利用旋转时产生的惯性转矩使卫星姿态保持稳定。对于对地静止卫星,调整自旋轴使得卫星与地球的南北轴平行。对地静止轨道中的自旋稳定如图3.6所示。

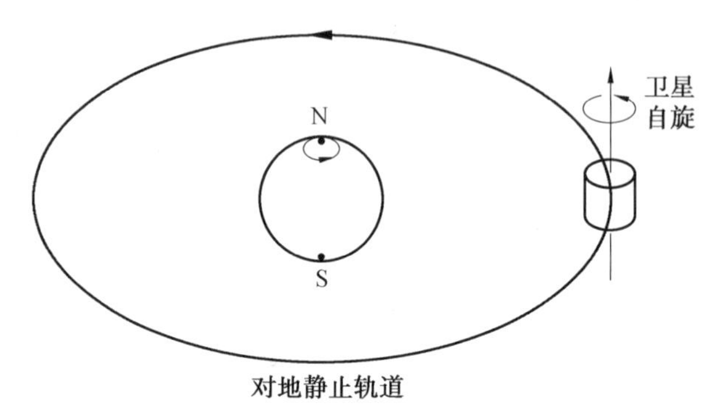

图 3.6　对地静止轨道中的自旋稳定

当不存在摄动力矩时,自旋卫星将保持其相对地球的正确姿态。实际上,来自卫星内部和外部的许多因素都会产生摄动力矩,外部摄动力矩如地球磁场、重力场及太阳辐射等,内部摄动力矩如电机轴承的摩擦和卫星部件的移动等,总的效果是降低了旋转速度,或引起自旋轴进动和章动等,使卫星的姿态不稳定。为此,在自旋卫星上往往装有脉冲式推进器或喷嘴来增加卫星自旋的速度,使卫星的自旋速度保持在典型值 50～100 圈/min;安装磁性线圈来保持自旋轴的方向;使用章动抑制器来减弱摄动力矩带来的章动。

当使用全向天线时,与俯仰轴同向的天线也和卫星一同旋转。当使用通信卫星常用的有向天线时,如果天线和卫星一起旋转,天线的波束将绕卫星的对称轴做环形扫描,浪费功率,因此,一般将天线和电子设备安装在特别的消旋平台上,卫星自旋时,该平台做等速反向旋转,使天线固定指向地球。

(2)三轴稳定方法。

三轴稳定方法一般用地球传感器探测俯仰误差和滚动误差,用太阳传感器探测偏航误差。对于采用三轴稳定方法控制的卫星,需要稳定的三轴可以采用喷气、惯性飞轮或电动机来直接控制,其中使用较多的是惯性飞轮。惯性飞轮用一种偏置动量系统来实现稳定,在卫星内分别安装以三轴为旋转轴的三个小型惯性飞轮,高速飞轮的动量给卫星提供回旋稳定性。当卫星姿态正确时,各飞轮按规定速度旋转,使卫星姿态保持稳定。一旦发现姿态有变化,可以改变飞轮转速以产生反作用来使卫星姿态恢复正常。

动量轮的整个单元包括飞轮、轴承装置、套管和具有电子控制电路的电动机。飞轮依附于转子,转子中包含一块永久磁铁,用于为电动机提供磁场。电动机的定子是依附于卫星的星体,这样电动机提供了飞轮和卫星结构之间的耦合,电动机的速度和力矩控制是通过控制流入定子的电流大小来实现的。动量轮的壳体是抽成真空的,以保护动量轮免受不利环境的影响,并且轴承有受控的润滑剂,能够持续于卫星的整个寿命期。

3.2.5　跟踪遥测指令分系统

作为卫星通信系统的重要组成部分，跟踪遥测指令分系统负责执行卫星跟踪、卫星状态监测和卫星控制的指令，是非常复杂的操作，除了星载的 TT&C 系统外，还需要包括专门地面测控站的卫星测控系统配合工作。星载跟踪遥测指令分系统如图 3.7 所示。

跟踪部分用于地球站跟踪卫星，是通过让卫星发射信标信号(信标信号可以由卫星产生，也可以由某个地球站发射，经过卫星转发来实现)，由 TT&C 地球站接收来实现的。在卫星发射的转移和漂移轨道阶段，跟踪是非常重要的；当卫星定位后，由于各种摄动力的影响，对地静止卫星的位置发生漂移，因此，也需要跟踪卫星的移动并且在需要时发送纠正信号。跟踪信标可以在遥测信道中发送，或者通过一条主通信信道频率上的导频载波来发送，或者通过专用的跟踪天线来发送。地面站与卫星之间的距离可以通过测量为测距而专门发送的信号的传播时延来确定。

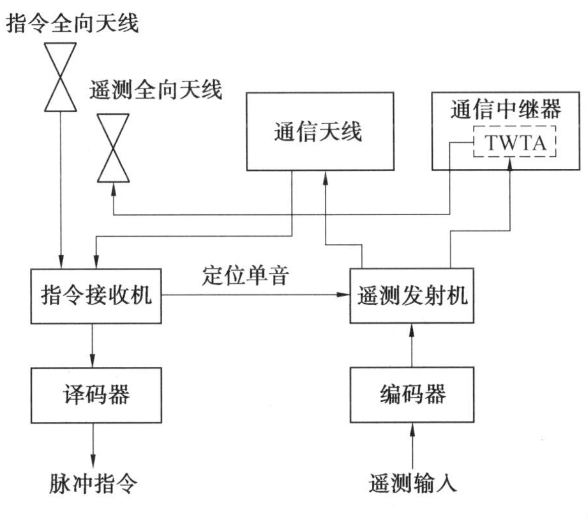

图 3.7　星载跟踪遥测指令分系统

遥测部分用来监测卫星各部分的工作状态，通过各种传感器和敏感元件等器件不断地测得卫星的姿态信息(如从太阳和地球传感器得到的信息)、环境信息(如磁场强度和方向，陨石撞击的频率等信息)以及航天器信息(如温度、供电电压及存储燃料的信息)等，这些状态信息被转换成电信号，再通过放大、采集、编码及调制后发回地面的控制中心。当卫星处于发射的转移和漂移轨道阶段时，遥测发射机与遥测全向天线一起构成一条专用信道，为了通过遥测全向天线向地面发回足够的功率，将遥测发射机连接到通信中继器上一个指定的功率放大器上；当卫星正常运行时，遥测发射机通过有向的通信天线，使用其中一个正常的通信转发器发送遥测数据，只有当出现某些紧急情况时，才切换回转移轨道阶段使用的专用信道。

指令部分接收地面站发给卫星的指令，经过解调、译码和存储后，产生一个检验信号发回地面校对，待收到执行信号确认无误后，将存储的指令信号送到控制分系统的执行设备，实现姿态改变、打开或关闭通信转发器、天线重新指向及位置保持机动等控制动作。为了保护卫星不接收和解码非法的指令，指令信号都是经过加密处理的。在转移和漂移

轨道阶段，指令部分使用指令全向天线接收指令和定位信号；当卫星正常运行时，指令部分使用通信天线接收指令和定位信号，并将指令全向天线作为备份。

为了保证可靠运行，指令接收机、遥测发射机和编码器等全部配有备份设备。

3.3 有效载荷

3.3.1 天线分系统

天线分系统的功能是定向发射与接收无线电信号，星载天线承担了接收上行链路信号和发射下行链路信号的双重任务。由于卫星发射和卫星在轨运行等条件的限制，星载天线要求具有体积小、质量轻、馈电方便以及便于折叠和展开的特点。从功能上分，卫星上有两种类型的星载天线。

一类是遥测、遥控和信标用高频或甚高频天线，一般这种类型的天线为全向天线，以便可靠地接收指令以及向地面发送信标和遥测数据，常用的天线形式有鞭状、螺旋形、绕杆式和套筒偶极子天线等。

另一类是通信用的微波定向天线，按照天线波束覆盖区的大小，可以分为全球波束天线、点波束天线和区域波束天线。全球波束、点波束和区域波束示意图如图 3.8 所示。

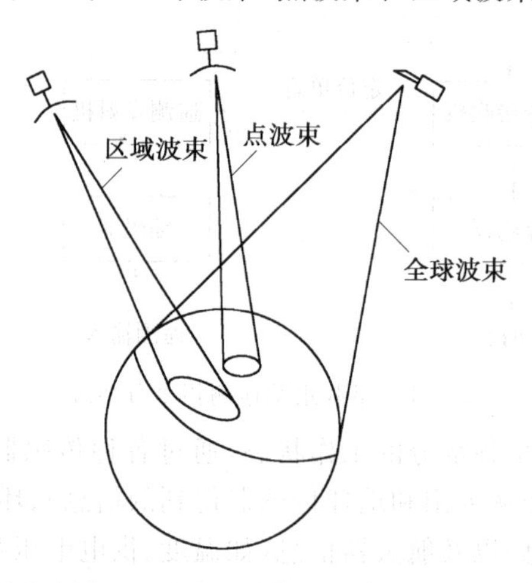

图 3.8　全球波束、点波束和区域波束示意图

有向波束通常是由反射面类型的天线来产生的，其中最常用的是抛物面天线，抛物面天线相对于全向天线的增益为

$$G=\eta_1\left(\frac{\pi D}{\lambda}\right)^2 \tag{3.1}$$

式中，λ 是工作信号的波长；D 是反射面的直径；η_1 是口径效率，其典型值为 0.55。

抛物面天线的 -3 dB 波束宽度(半波束角度)为

$$\theta_{-3\,\mathrm{dB}}=70\,\frac{\lambda}{D} \tag{3.2}$$

由上述公式可以看出，天线增益正比于 $(D/\lambda)^2$，而波束宽度反比于 D/λ。因此，通过增加反射面的尺寸或者降低波长就能提高天线增益和缩小波束宽度。

目前，大部分国内的卫星系统采用的是单波束天线，只有极少数的卫星系统采用了多波束天线，多波束天线在提高天线增益、提高频谱利用率以及具有波束动态调整能力方面的优点越来越受到关注。

3.3.2　转发器

卫星上的通信系统称为转发器或中继器，一个转发器就是一套宽带收、发信机，转发器是构成通信卫星收、发信机和天线之间通信通道的互相连接部件的集合，转发器将卫星接收天线送来的各路微弱信号经过放大、变频等多种处理后，再送至相应的发射天线。卫星通信载荷通常由若干个转发器组成，每个转发器覆盖一定的频带。

转发器对信号会造成一定的损害，产生附加的噪声和失真等，造成信号损害的主要因素包括以下几种。

(1)放大器具有非线性，当放大器中有多个载波时，由于载波间的互调干扰，产生信号的互调失真(其中三阶互调的影响是最严重的)，对于数字传输系统，将会增加误码。

(2)对于相邻频段的信道之间会产生信号干扰。

(3)由各滤波器引起的通带内的幅度、相位变化，会造成失真、噪声和误码。

(4)放大器中的幅度－相位转换对于多载波系统将引起串话，对于时分多址(Time Division Multiple Access，TDMA)系统将产生码间干扰。

转发器是通信卫星的核心，对于转发器的基本要求是工作可靠，附加噪声和失真要小。星载转发器通常分为透明转发器和处理转发器两类。

目前大多数在轨的卫星通信系统使用的转发器都是透明转发器，也称为弯管式转发器。这种转发器只完成对信号的放大和将上行频率变换为下行频率的功能，它的结构比较简单，性能也很可靠，因此，在卫星有效载荷和电源功率受限的情况下，透明转发器得到了广泛的应用。

但是随着卫星通信技术的发展和业务量的不断增加，对卫星通信系统的容量、通信质量、频谱利用率、通信链路的效率、网络的动态重组能力和抗干扰性能等方面均提出了严格而紧迫的要求，为了解决上述问题，提出了采用具有星上信号处理和星上交换能力的处理转发器。处理转发器除了具有信号的放大、变频功能外，还能够实现对信号的调制、解调以及交换等功能，通过这种处理和交换，可以明显地改善通信卫星的性能。根据具体实现方式的不同，具有星上处理和星上交换能力的转发器可能实现存储转发和基带处理、星上再生、星上智能网控、星际链路、波束间和载波间的交换，以及具有抗干扰保护等功能。

1. 透明转发器

透明转发器是指转发器通过接收天线接收来自地面的信号后，只对信号进行低噪声放大、变频和功率放大外，不做任何处理，只是单纯地完成转发任务，因此，它对频带内的任何信号都是“透明”的通路。按照转发器的变频次数，分为一次变频式透明转发器和二次变频式透明转发器。

(1)一次变频式透明转发器。

一次变频式透明转发器主要由宽带接收机、输入去复用器、功率放大器组和输出复用

器组成。在这种转发器中,先用低噪声放大器对接收到的上行频率的输入信号进行放大,经混频器变换为下行频率的输出信号,并由二级放大器对信号进行放大,然后通过输入去复用器将下行频率的信号分割成多个转发器信道,由功率放大器组对每个转发器信道的信号分别进行放大,经过输出复用器组合后产生下行链路的信号,最后通过发射天线发回地面。一次变频式透明转发器如图 3.9 所示。由于一直工作在微波频率上,因此这种转发器也被称为微波式频率变换转发器。

一次变频式透明转发器的射频带宽可以达到 500 MHz,由于转发器的输入、输出特性是线性的,允许多载波工作,适于多址连接,因此,适用于载波数量多、通信容量大的系统。

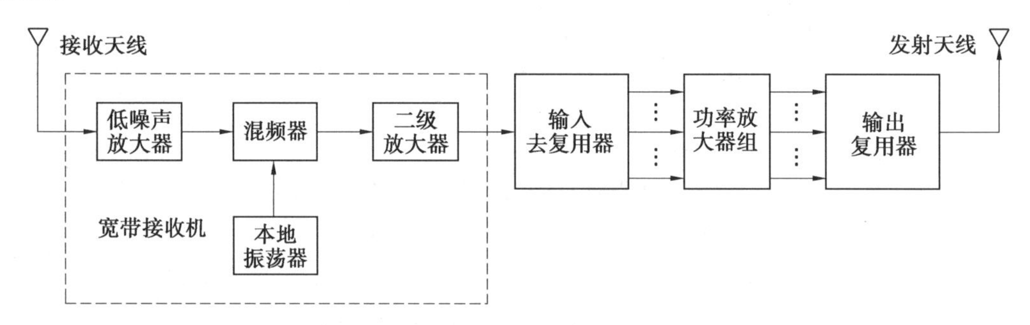

图 3.9 一次变频式透明转发器

卫星上的宽带接收机采用双备份工作方式,当其中一个发生故障时,另一个会自动切换进来,这种结构称为冗余接收机。宽带接收机的低噪声放大器(Low Noise Amplifier,LNA)在放大载波时只附加少量噪声,同时对载波进行了足够的放大,以克服混频器中存在的较高噪声电平。信号从 LNA 馈入到混频器时,需要一个本地振荡器来进行频率变换,振荡器的频率必须具有高稳定度以及较低的相位噪声。二级放大器的作用是为了保护振荡器,如果所有增益在同一个频率上提供,可能会损坏振荡器,二级放大器一般采用场效应管(Field-Effect Transistor,FET)放大器。

输入去复用器由功分器、输入环形器、输入滤波器、群时延均衡器、幅度均衡器和输出环形器组成,如图 3.10 所示。输入去复用器把下行频带带宽分割成若干个转发器信道,信道通常以奇数组和偶数组来排列,这为一组内的邻近信道之间提供了较大的频率间隔,从而降低了邻道干扰。宽带接收机的输出信号通过功分器馈送给两条独立的环形器支路,全部宽带信号都沿着每条支路传输,信道的划分是通过连接到每个环形器的输入滤波器来实现的。

功率放大器可以是行波管放大器(Traveling-Wave Tube Amplifier,TWTA),也可以是场效应晶体管固态功率放大器,它们可将低电平下行信号放大成高电平信号,图 3.11 所示为转发器中典型的相对电平图。每个转发器信道的输出都使用独立的功率放大器,每个功率放大器前面都有一个输入衰减器,其作用是把每个功率放大器的输入驱动信号调整到一个需要的电平。一般来说,每个转发器信道都有相同的标称衰减量,但是对于不同类型的业务,可以采用可变衰减器来为其设置需要的电平,而衰减量的调整要在地面 TT&C 站控制下进行。

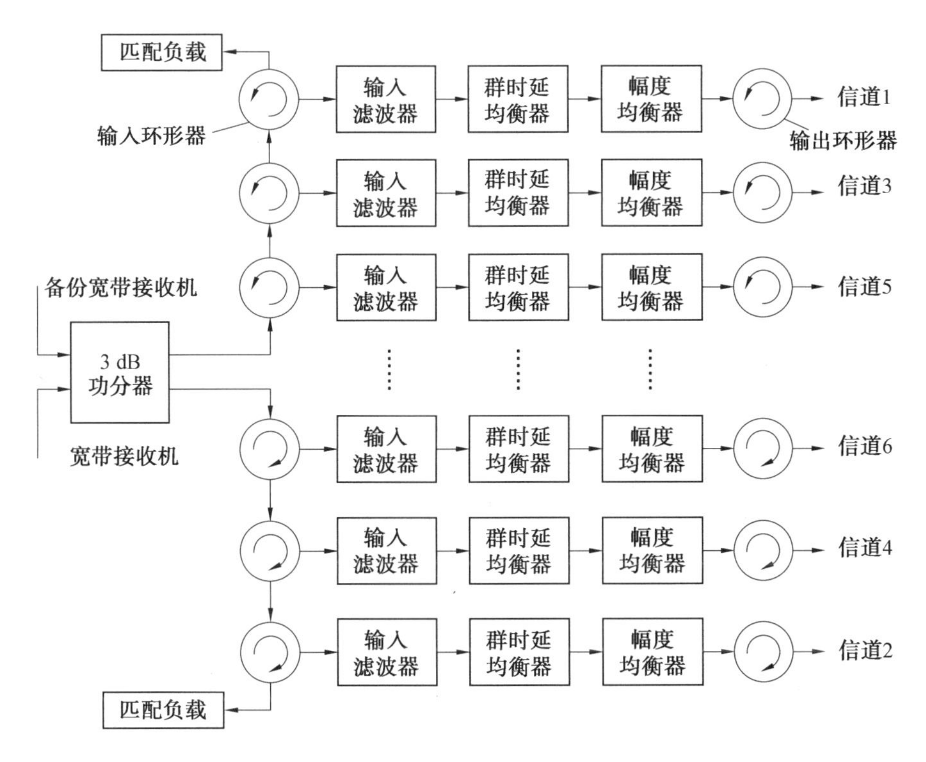

图 3.10　输入去复用器

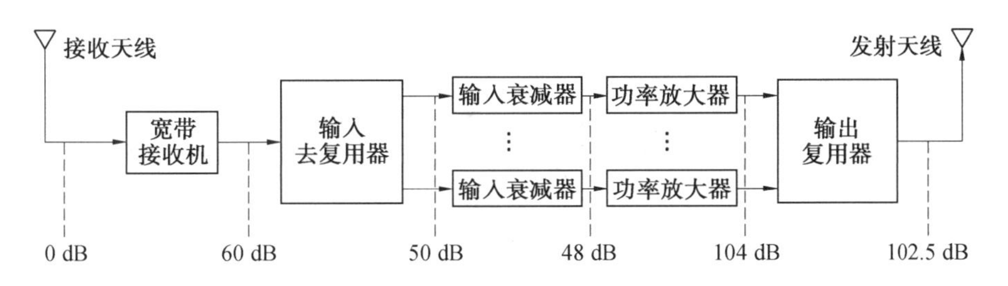

图 3.11　转发器中典型的相对电平图

转发器的输出功率取决于功率放大器，为了得到所需要的功率，功率放大器通常工作在接近饱和点，而功率放大器是非线性器件，这对卫星转发器信号的影响很大。

行波管放大器(TWTA)是卫星转发器中广泛使用的功率放大器，用于提供发射天线所需的最终输出功率，相对于其他类型的放大器，TWTA 能够提供非常宽频带的放大。然而，必须精确控制输入到 TWTA 的电平，以使某些失真类型的影响减至最小。图 3.12 所示为 TWTA 的功率转移特性，可以看到，当输入功率低的时候，输出功率－输入功率之间的关系是线性的；当输入功率较高时，输出功率饱和，最大的输出功率点被称为饱和点。饱和点可以作为输入功率和输出功率的 0 dB 参考点，这样可以定义实际的转移曲线比外插直线低 1 dB 的位置为 1 dB 压缩点。TWTA 的线性区域可以定义为从低端的热噪声极限至 1 dB 压缩点之间的区域。

当 TWTA 要同时对两个或者更多个载波进行放大时，即多载波工作状态。如果输入的功率过高，超出了 TWTA 转移特性的线性区，那么 TWTA 的非线性转移特性会引

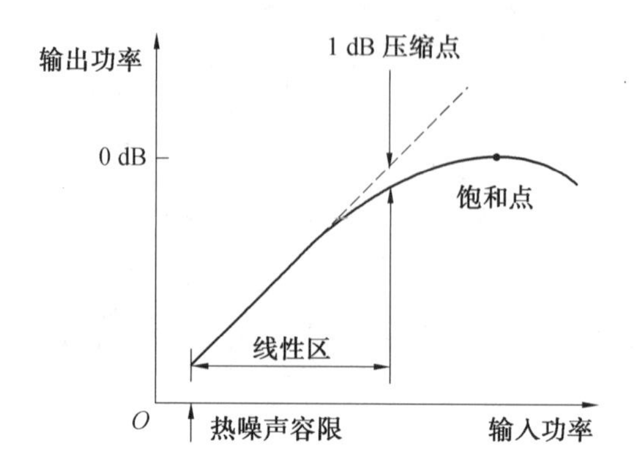

图 3.12 TWTA 的功率转移特性

入一种称为互调失真的严重信号失真，通常，三阶互调的影响对信号是最明显的。为了降低互调失真，TWTA 的工作点必须要靠近功率转移特性曲线的线性部分，输入功率的降低称为输入补偿。当存在多个载波时，对于任何一个载波，饱和点附近的功率输出要小于单载波工作时的值，单载波及多载波输入输出功率曲线如图 3.13 所示。相对于单载波输入的饱和点，对多载波工作的输入补偿是工作点上的载波输入电平与单载波工作所要的饱和点上的载波输入电平之间的差。输出补偿是输出功率中相应的下降，补偿值是相对于饱和点来给出的。通常输出补偿要比输入补偿低 5 dB。由于考虑补偿后，地球站接收到的载波噪声功率比降低了，这样就引起了卫星链路信道容量的明显降低。

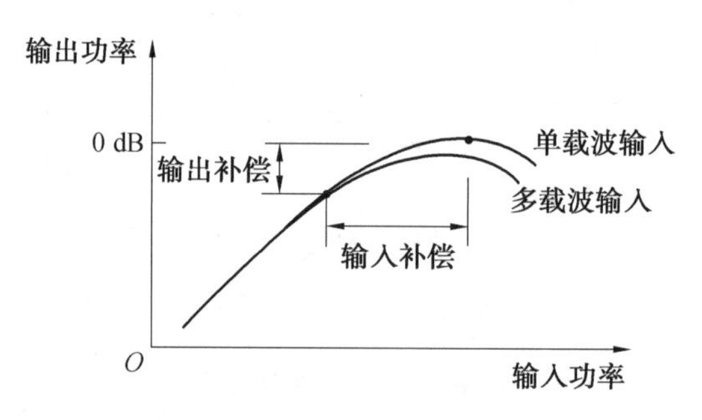

图 3.13 单载波及多载波输入输出功率曲线

输出复用器是将功率放大器输出的下行信号组合后，重新发回地面。输出复用器提供要求的带外衰减，并且还抑制由功率放大器产生的信号谐波和寄生噪声。在输出复用器的输入端，还可以采用可变功率分路器，将功率分送到所要求的发送天线馈源去，这种功率分路可以由地面指令来控制。

(2)二次变频式透明转发器。

在二次变频式透明转发器中，先把接收的上行频率信号变成中频信号，经过放大后变成下行频率信号，再经过功率放大，由发射天线发送到下行链路，所以这种转发器也称为中频式频率变换转发器，如图 3.14 所示。

从这种转发器的结构可以看到，其优点是中频增益高，转发器增益可以达到 80～100 dB，电路工作稳定；但是其缺点是中频带宽较窄，不适用于多载波工作，只适用于容量

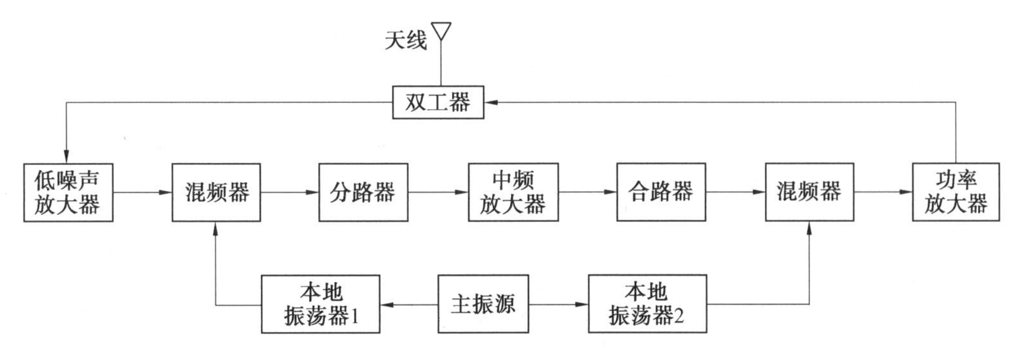

图 3.14　二次变频式透明转发器

不大的通信卫星。

2. 处理转发器

在数字卫星通信系统中，常采用星上处理式转发器，它具有信号转发和信号处理的双重功能，其组成原理如图 3.15 所示。从接收天线收到的信号，进入宽带接收机，经过低噪声放大器和下变频后变成中频信号，通过星上信号处理器实现对中频信号的解调和数据处理从而得到基带数字信号，在信号处理单元中完成相应的处理功能，再调制成下行的中频信号，并通过上变频和功率放大后发回地面。

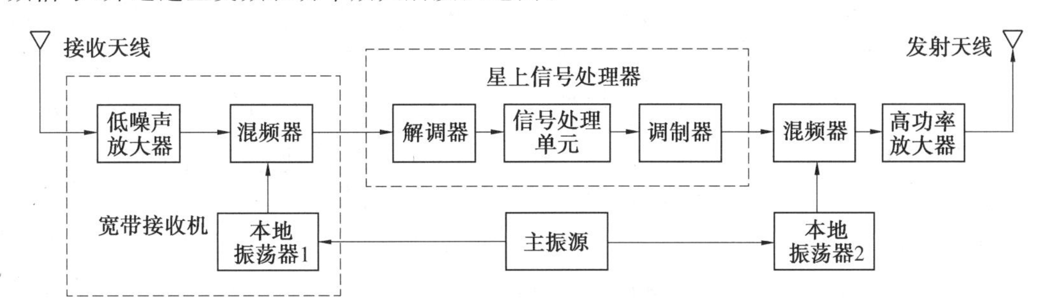

图 3.15　星上处理式转发器的组成原理

星上处理式转发器可以在星上信号处理器中对信号进行各种处理，以满足不同应用的需要。星上信号处理可以有多种形式，根据所实现的功能，主要包括信号再生式转发器和空间交换（或路由）式转发器。

（1）信号再生式转发器。

信号再生式转发器通过接收机将接收到的射频信号变换为中频信号，然后对中频信号进行解调，从而得到基带信号；完成信号再生、编码识别、帧结构重新排列等处理后，再通过发射机把基带信号重新调制到一个中频载波上，并变换到射频信号，通过发射天线发送回地面，如图 3.16 所示。通过与透明式转发器比较可以看到，二者的主要差别是信号再生式转发器增加了解调和再调制设备，根据具体的应用环境，还可能包括译码和再编码设备、解扩设备等。

信号再生式转发器的优点主要有两个，具体如下。

①改善了误码性能。由于信号是在卫星上进行再生的，因此，对于采用信号再生式转

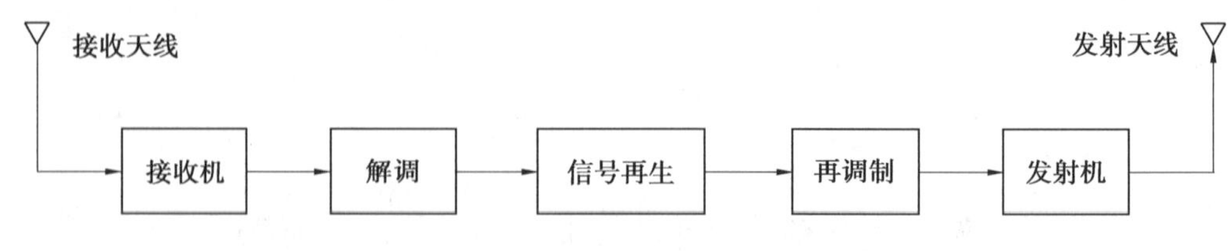

图 3.16　信号再生式转发器

发器的卫星来说，上行链路的噪声和干扰只会在星上解调过程中引起误码，在其下行链路上发射的只是重新调制的信号而没有来自上行链路的噪声和干扰，所以不存在噪声和干扰的累积，卫星下行功率都是被信号占用的。而在透明转发器中，噪声和干扰则是累积的，卫星下行功率由信号、噪声和干扰共同分配。因此，再生转发器的误码性能要优于透明转发器的误码性能。

②上行链路和下行链路是相对独立的，有利于对卫星系统进行优化设计。对于采用信号再生式转发器的卫星来说，由于信号是在星上再生的（即信号是恢复到基带的），因此，其上行链路和下行链路可以采用不同的编码和调制方式，也就是说，其上行链路和下行链路是相对独立的。正是由于上行链路和下行链路之间的这种相对独立性，因此可以分别对上行链路和下行链路的多址方式、编码方式、调制方式和信号复用方式等进行优化，以改善整个系统的性能。例如，可以把多个上行载波合路为一个载波，从而避免了由于行波管放大器（TWTA）的非线性而造成的信号质量的下降。

信号再生式转发器最适用于上行链路存在比较大的干扰噪声的环境，在这种应用环境中，如果没有星上再生处理，那么下行链路发射功率中就应该有相当一部分的功率是被干扰或噪声占用的。为了确保下行链路接收地球站接收到的信号的质量，必然要求地球站非常大，或者是要求卫星的发射功率非常大。如果采用了再生处理技术，上行链路产生的干扰和噪声就不会累积，下行链路上发送的就只有信号，这样就可避免上述情况的发生。

信号再生式转发器的另一应用环境是系统中存在大量地面接收站的情况，通过选择合适的卫星下行链路编码、调制和多址方式等，就可以大大改善系统的性能。

(2)空间交换（或路由）式转发器。

在空间交换（或路由）式转发器中，信号处理单元实现空间交换机的作用，可以根据地面指令把转发器的上行链路信号交换到适当的下行链路，也可以使用预先编制的交换程序提供交换功能。空间交换（或路由）式转发器的上行链路和下行链路可以分别选用不同的通信技术，从而优化卫星系统的传输性能。根据空间交换机交换信号类型的不同，空间交换（或路由）式转发器可以分为微波交换处理式转发器和基带信息处理式转发器。

本章参考文献

[1] 甘良才，杨桂文，茹国宝. 卫星通信系统[M]. 武汉：武汉大学出版社，2002.

[2] 王秉钧，王少勇，田宝玉. 现代卫星通信系统[M]. 北京:电子工业出版社,2004.
[3] 陈振国，杨鸿文，郭文彬. 卫星通信系统与技术[M]. 北京:北京邮电大学出版社，2003.
[4] 军事训练教材编委会. 卫星通信技术[M]. 北京:国防工业出版社,2000.
[5] 陈振国，齐怀亮，吕林. 卫星通信技术[M]. 北京:人民邮电出版社,1992.
[6] DODOY D. Satellite Communications[M]. 北京:清华大学出版社,2003.

第 4 章 卫星通信系统地面段

4.1 地面段分类及功能

卫星通信系统的地面段主要由多个业务地球站组成，如卫星通信发送地球站、卫星通信接收地球站，以及商用的陆地、航海及航空移动站，为卫星运行提供保障功能。而如提供测控、跟踪和指令功能的地球站，则被认为是空间段的一部分。

根据地球站的服务类型，这些站的大小可能很不一样，大的天线直径可达几十米，小的只有几十厘米。与地球站的服务类型有关的 3 种类型具体如下。

(1)控制中心站，如枢纽或馈送站，它通过空间段，从用户处收集或向用户分发信息。

(2)关口站，又称接口站，它将空间段与地面网络互联。

(3)用户终端，如 VSAT、便携终端、手持终端、移动站等，它们可以将用户直接连接到空间段。

作为卫星通信系统的重要组成部分，卫星通信地球站工作在微波频段(300 MHz～300 GHz)，用户通过地球站接入卫星线路进行通信。根据不同的业务要求，地球站既可以同时具有发送能力和接收能力，也可以只有发送能力或接收能力。

地球站的分类方法有很多种，可以按照安装方式、传输信号的特征、天线口径尺寸及设备的规模、地球站用途以及业务性质进行分类，通常可以分为以下几种类型。

(1)按地球站安装方式分类。分为：固定地球站(建成后站址不变)、移动地球站(包括车载站、船载站、机载站等)、可搬运地球站(在短时间内能拆卸转移)。

(2)按传输信号的特征分类。分为：模拟站，传输模拟信号，如模拟电话通信站、电视广播接收站；数字站，传输数字信号，如数字电话通信站、数据通信站。

(3)按天线尺寸及设备规模分类。分为：12～30 m，大型站，高 G/T 值，通信容量大，昂贵；7～10 m，中型站，性能中等，体积质量及成本均居中等；3.5～5.5 m，小型站，G/T 值小，容量较小，价格便宜；1～3 m，微型站，G/T 值小，容量小，轻便灵活，便宜。

(4)按用途分类。分为民用、广播(包括电视接收站)、航空、航海及实验站等。

(5)按业务性质分类。分为：遥测、遥控跟踪地球站，遥测通信卫星的工作参数，控制卫星的位置和姿态；通信参数测量地球站，监视转发器及地球站通信系统的工作参数；通信业务地球站，进行电话、电报、数据、电视及传真等通信业务。

国际上通常根据地球站天线口径尺寸及 G/T 值大小将地球站分为 A、B、C、E、F 等各种类型。A、B、C 三种称为大型站，用于国际通信；E 和 F 又分为 E－1、E－2、E－3 和 F－1、F－2、F－3 等类型，主要用于国内及各企业间的语音、传真、电子邮件和电视会议等业务。其中，E－2、E－3 和 F－2、F－3 又称为中型站，为大城市和大企业间提供通信业务；E－1 和 F－1 称为小型站，其业务容量较小。

4.2　卫星信号地面接收及处理原理

4.2.1　地球站主要射频特性

国际通信卫星组织，为了便于维护现有地球站和新建地球站，规定了标准地球站的性能指标。该规定强调，为了最有效地利用通信卫星，地球站应该具有高灵敏度的接收系统，并且规定了使用该组织卫星的地球站应具备的最低性能要求。

(1)地球站的品质因数。

地球站的品质因数是指地球站天线的接收增益 G 与地球站接收系统的等效噪声温度 T 的比值 G/T。地球站的品质因数是表征地球站对微弱信号接收能力的重要指标。

(2)有效全向辐射功率的稳定度。

地球站的等效全向辐射功率(Equivalent Isotropically Radiated Power，EIRP)值应该保持在规定值的±0.5 dB 以内。为了减少频分多址情况下的互调干扰，卫星转发器的行波管放大器都是工作在输入补偿状态。因此，地面站的 EIRP 值的大幅度变动将会严重增加互调干扰。

(3)载波频率的精确度。

在传输电话信号时，地球站发射载波的精确度应保持在±150 kHz 以内；在传输电视信号时，地球站发射载波的精确度应保持在±250 kHz 以内。

(4)干扰波辐射。

由于过大的辐射将对其他载波产生严重的干扰，因此，地球站由于互调产物所产生的干扰波辐射应控制在 23 dBW/4 kHz 以下；带外的总有效全向辐射功率应小于4 dBW/4 kHz。

(5)射频能量扩散。

在传输电话信号时，要求轻负荷时的能量密度为每 4 kHz 的能量最大值与最大负荷时的能量密度比不超过 2 dB。

(6)发射系统的幅度特性。

地球站发射系统要有良好的幅度特性，以减少卫星转发器互调干扰的影响。

4.2.2　地球站天线分系统

地球站天线分系统是地球站重要组成部分之一，在卫星通信地球站中，天线分系统的主要功能是实现能量的转换，将发射机产生的大功率上行射频信号转换成定向(对准卫星)辐射的电磁波，同时接收卫星转发的下行射频信号，并送到接收设备，从而实现卫星通信。

地球站天线分系统由天线、馈线设备和伺服跟踪设备三部分组成。地球站的天线和馈线系统简称天馈系统，是实现自由空间传播的电磁波能量与发射或接收的导行波能量之间联系的设备，也是决定地球站通信质量和通信容量的关键设备之一。地球站的伺服跟踪设备的作用是保证地球站的天线能够稳定可靠地对准通信卫星，从而使卫星通信系统保持正常工作，对于不同类型的固定地球站和移动地球站(如车载站、船载站和机载站)，伺服跟踪设备的复杂程度也有所不同。

地球站天线的建造费用很高，大概占整个地球站的三分之一。一般情况下，地球站的天线分系统都是收、发共用一副天线，因此，地球站的天线分系统必须满足下列几个基本条件。

(1)工作频率范围宽。

一颗通信卫星通常都是由多个转发器组成，每个转发器约有几十兆赫的带宽，这样，一颗通信卫星的总带宽约有几百兆赫，这就要求地球站的天线分系统必须具有相应的带宽和频带范围。通常要求标准地球站具有 500 MHz 以上的带宽，在该带宽内，应满足高增益、低噪声和匹配良好等要求。

(2)天线增益高。

天线增益是决定地球站性能的关键参数，天线一定要具有高的定向增益，也就是必须将信号的能量聚焦成为一个窄波束，以接收来自卫星天线或发向卫星天线的信号，并提供足够的上行和下行载波功率。

(3)天线波束宽度窄、旁瓣电平低。

天线辐射方向图的旁瓣电平必须很低，以减小来自其他方向信号源的干扰，而且还要使进入其他卫星和地面系统的干扰达到最小，以保证卫星通信系统之间以及与地面微波中继通信系统之间的协调一致工作。

(4)天线的噪声温度低。

为了使地球站等效噪声温度尽量低，减小下行载波带宽内的噪声功率，天线的噪声温度一定要低。为了达到低噪声，必须控制天线辐射方向性图，以使它只接收卫星信号，使来自其他信号源的能量最小。此外，天线的电阻损耗将低噪声放大器接到天线馈线去的波导损耗也应该尽可能小，因为它们都会影响天线系统的噪声温度。天线仰角为 5°时，天线等效噪声温度一般为 50 K；在仰角为 90°时，天线等效噪声温度为 25 K。

(5)馈线系统损耗小。

馈线系统应具有损耗小、频带宽、匹配好、收/发通道之间的隔离度大的特点，对于发射通道还要求能够耐受发射机最大的输出功率。

(6)天线的机械结构稳定、灵活且精度高。

由于天线主体结构庞大，为了确保天线在恶劣的天气条件下仍能准确地指向卫星，天线的主体结构应具有很强的刚性和抗毁能力。通常，要求天线指向精度在其波束宽度的十分之一以内，以直径为 27.5 m 的天线为例，其波束宽度约为 0.2°，则天线的指向误差不能超过 0.02°，故机械精度要求是比较高的；地球站天线的仰角和方向角，按一般规定以静止卫星方向为中心，天线可旋转范围应大于 10°。但考虑到天线的测量，特别是在暴风天气情况下，为了保护天线，应将其锁定于天顶位置。

4.2.3　地球站发射分系统

在标准的地球站中,要向卫星发射几百瓦甚至十几千瓦的大功率微波信号,有时一个地球站还要同时发射多个载波,这都要由地球站发射分系统完成。

地球站高功率发射系统一般由上变频器、发射合成装置、高功率放大器(简称高功放)和自动功率控制电路组成,另外,还需要相应的控制保护电路和冷却装置,其组成框图如图 4.1 所示。

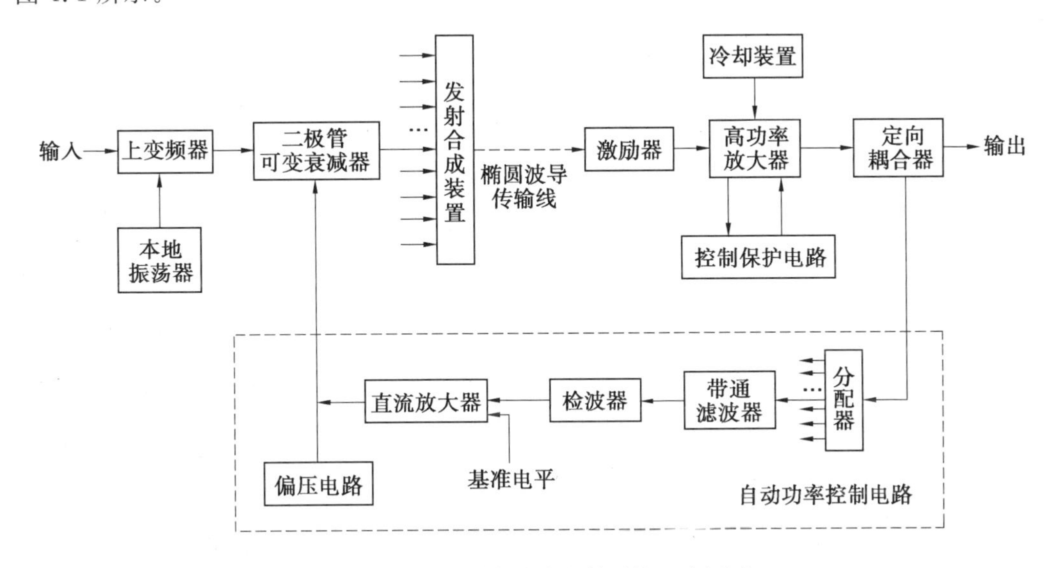

图 4.1　地球站高功率发射系统组成框图

对地球站发射分系统的要求主要有以下几个方面。

(1)工作频带宽。

为了适应多址通信的特点和卫星转发器的技术性能,卫星通信中要求高功率发射系统具有很宽的频带。例如,IS－IV 卫星通信系统规定,发射系统应能在 5.925～6.425 GHz频带范围内的任何频段同时发射一个或多个载波,也就是说,要求发射系统能在 500 MHz 宽的频带范围内工作。

(2)输出功率大。

在标准地球站中,发射系统的发射功率一般在几百瓦到十几千瓦量级,这主要取决于转发器的 G/T 值和它所需要的输入功率密度,同时也与地球站的发射信道容量和天线增益有关。

(3)增益稳定性高。

为了保证通信质量,IS－IV 卫星通信系统规定,除恶劣气候条件外,卫星方向的 EIRP 值应保持在额定的±0.5 dB 范围内。这个容差考虑了所有可能引起变化的因素,如发射机射频功率电平的不稳定、天线发射增益的不稳定(由于天线抖动、风效应等)和天线波束指向误差等。对高功率发射系统放大器增益的稳定度要求就更高,为此,大多数地球站发射系统都装有自动功率控制电路。

(4)放大器线性度好。

为了减少在频分多址(Frequency Division Multiple Access,FDMA)方式中放大多载波时的交调干扰,高功率放大器的线性要好。通常规定,多载波交调分量的 EIRP 在任何一个 4 kHz 的频带内不能超过 26 dBW。

1. 上变频器

在地球站的发射分系统中,将较低频率变换到较高频率的设备,称为上变频器。上变频器将来自调制器的已调中频载波与本振载波混频,把中频变换到卫星上行射频频率上。上变频器主要由本地振荡器、混频器、均衡器、滤波器以及放大器组成。

(1)本地振荡器。

为了保证卫星通信信号频率的稳定性和减少噪声干扰,通常要求本地振荡器具有很高的频率稳定度和很低的噪声电平,并且能够迅速地调整到所需的频率。上变频器所用的振荡器,其输出频率达数千兆赫,而且要求频率稳定度很高。

(2)上变频工作方式。

上变频可以用一次变频来实现,也可以用二次变频、三次变频来实现。

一次变频,是将信号从中频直接变换到射频频率,对于信号带宽较窄(如 36 MHz 带宽)的情况,中频可选为 70 MHz;对于信号带宽较宽(如 72 MHz 带宽)的情况,中频通常选为 140 MHz。其优点是设备简单,组合频率干扰少,但是由于中频带宽有限,不利于宽带系统的实现,因此一次变频方式在小容量的小型地球站或其他某些特定的地球站中较为适用。

二次变频,是经过两次变频过程将中频信号变换到射频频率,即先由第一级混频将中频信号变换到一个固定的高中频频率上,称为第二中频;第二中频信号经中频滤波器再与第二本振进行第二级混频,变换到射频频率上。为避免镜像信号和杂散信号干扰,应该适当地选择中频,使干扰频率分量落在带外,第二中频的频率通常选在 700～1 120 MHz 范围内。如果第二本振采用频率合成器,则通过改变第二本振的频率就可以在整个射频频带内改变信号载波的射频输出频率。二次变频方式的优点是调整方便,易于实现宽带传输的要求,而缺点则是电路较为复杂。大容量的大、中型地球站大部分采用二次变频方式。

三次变频方式与二次变频方式类似,采用了三级混频方式。

2. 载波合成器

将两个载波合成的最简单器件是方向耦合器,它的耦合系数确定对各个载波的功率损耗。例如,一个 3 dB 耦合器对每个载波引入 3 dB 功率损耗,使每个载波的功率下降二分之一。4.77 dB 耦合器对一个载波引入 1.76 dB 功率损耗,而对另一个载波引入 4.77 dB损耗(4.77 dB 耦合器对一个输入臂耦合系数 $\alpha=\sqrt{\lg^{-1}(-4.77/10)}=0.577$;而对另一个输入臂的耦合系数为 $\beta=\sqrt{1-\alpha^2}=0.816$,具有的功率损耗为 $-10\lg\beta^2=-10\lg(1-\alpha^2)=1.76(\text{dB})$)。为合成 N 个载波,要求使用 $N-1$ 个方向耦合器。例如,为了合成三个载波,可以采用如图 4.2 所示的一个 3 dB 耦合器和一个 4.77 dB 耦合器。两个耦合器对三个载波引入的总损耗都是 4.77 dB。N 个载波合成时,功率损耗为

10lg N(dB),这是用方向耦合器合成载波的主要缺点。

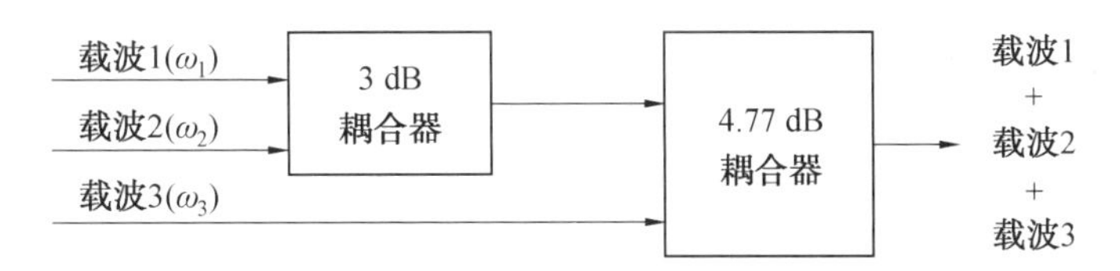

图 4.2　用两个耦合器合成三个载波

3. 高功率放大器

卫星通信要求地球站能产生大功率的微波信号向卫星发射,所需要的射频功率大小不仅取决于卫星转发器的性能指数,而且还取决于地球站的通信容量和天线增益,地球站发射机的最大输出功率应根据卫星系统的要求来确定。

目前地球站中最广泛使用的高功率放大器是速调管放大器(Klystron Power Amplifier,KPA)和行波管放大器(TWTA),在通信容量小的中、小型地球站和微型地球站(如 VSAT 站等)中,高功率放大器也可以采用固态功率放大器(Solid State Power Amplifier,SSPA)。

卫星通信的可靠性是非常重要的。当使用单一功放时,一旦出现故障,通信就会中断,因此地球站的高功率放大器总是采用某种备份方式。

4. 功率合成器(激励器和高功率放大器)

当单个放大器输出功率不够时,地球站要用几个功率放大器合成以达到较大功率输出,这时功率合成就显得特别重要。由于经济上的考虑,有时也采用几个小功率放大器合成,而不是采用一个高功率放大器。例如,在 14 GHz 下,行波管放大器仍然可用,价格也不贵;相反,在此频段工作的高功率耦合腔管子却很昂贵,性能也不比行波管合成时好,这时就适宜采用功率合成方案。除产生较高功率外,功率合成还提高了系统的可靠性。要保障功率合成系统中,合成器中的一个或几个器件出故障时,虽然性能下降,但工作仍能继续进行。

当地球站发射分系统要求发射多个载波时,用大功率放大管组成大功率放大器的方式有两种:共同放大方式和分别放大/合成方式。共同放大方式是用一个大功率放大管共同放大多个载波。

在共同放大方式中,是在末级大功率放大之前,先把多个要发射的载波合成在一起,然后加到宽频带大功率放大设备上进行共同放大;在分别放大/合成方式中,各载波先用频带较窄的大功率微波管放大设备分别放大(通常用大功率速调管来完成放大),然后再将放大后的信号进行合成。

无论采用何种方式,其大功率放大设备都是由装有小功率行波管的激励器部分和装在它后面的大功率放大设备部分组成。激励器是一个小功率高增益的行波管放大器。从上变频器来的低电平发射信号,经过激励器放大后,能在 500 MHz 带宽内获得 40～50 dB的增益,从而保证了大功率行波管放大器所必需的激励电平。为了保护行波管,在激励器上还装有二极管电子开关,防止大功率放大器的过载信号进入激励器。

5. 自动功率控制电路

自动功率控制电路是用来将大功率行波管放大器输出电平的波动值控制在±0.5 dB 范围内，实现自动功率控制的方法很多。

首先，通过定向耦合器取出行波管功率放大器输出的一部分，然后用控制检波器对其进行检测，得到一个与输出电平成正比的直流信号，与来自发射装置控制架的直流基准电平进行比较，再把它们的差值电压加到二极管可变衰减器的偏压电路上，去控制发射波的衰减量，从而控制放大器的输出电平。

4.2.4 地球站接收系统

在卫星通信地球站中，接收系统的作用是对卫星转发来的信号进行接收，经过放大、载波分离、变频等过程后送到基带处理设备。

由于卫星转发器的发射功率一般只有几瓦至几十瓦，并且卫星天线的增益也小，因此，卫星转发器的 EIRP 较小。卫星转发器转发下来的信号，经下行线路 40 000 km 的远距离传输后，要衰减 200 dB 左右，因此，信号到达地球站时变得极其微弱，一般只有 −140～−130 dBm。通常地球站接收系统的灵敏度必须很高，噪声必须很低，才能正常接收。

为了完成对卫星信号的接收，地球站接收分系统主要由低噪声放大器和下变频器等组成。对地球站接收分系统的要求主要有以下几个方面。

(1)工作频带宽。

卫星通信的显著特点是能实现多址连接和大容量通信，因此，要求地球站接收系统的工作频带要宽，一般要求低噪声放大器必须具有 500 MHz 以上的带宽。

(2)噪声温度低。

为了保证地球站满足所要求的 G/T 值，必须采用低噪声放大器，接收机的噪声温度应控制在 20 K 以下。

(3)其他要求。

为了满足卫星通信系统的通信质量，还要求低噪声放大器增益稳定、相位稳定、带内频率特性平坦、交调干扰要小等。

1. 低噪声放大器

地球站中最常用的两种低噪声放大器是参量放大器和场效应管放大器。

20 世纪 70 年代中期以前，几乎所有卫星地球站都采用液态氦的低温制冷参量放大器，该放大器工作在环境温度为 20 K 的封闭系统内，放大器带宽为 500 MHz，等效噪声温度为 17 K，增益为 60 dB，由于液氦制冷设备复杂，操作维护极为不便。20 世纪 70 年代末到 80 年代初期，地球站大量使用利用半导体热偶进行制冷的常温参量放大器，这种参量放大器的噪声温度可以达到 35 K 甚至更小，与低温制冷放大器相比，常温参量放大器的使用和维护极为简便。80 年代中后期，出现了在常温下不需要物理制冷的低噪声场效应管放大器 GaAs FET，其噪声温度也达到 30 K 左右，具有体积小、性能稳定以及使用维护方便的优点，得到了广泛的应用。

需要注意的是，低噪声放大器是地球站接收分系统的关键部件，它决定着系统的等效噪声温度，因此，应该尽可能地放在天线馈源的附近，而接收系统的其他设备可以安放在室内，中间采用波导元件进行传输。

2. 下变频器

下变频器接收来自低噪声放大器的已调射频载波，将信号从卫星下行频率变换到中频。从电路组成方面看，卫星通信地球站通常都采用超外差式接收机，下变频器由本地振荡器、混频器、带通滤波器和中频放大器组成。

下变频器可以采用一次变频、二次变频或三次变频的工作方式。当采用一次变频方式时，一般取中频为 70 MHz 或 140 MHz；当采用二次变频方式时，第一中频（如 1 125 MHz）一般高于第二中频（如 70 MHz 或 140 MHz）；三次变频方式与二次变频方式相似，采用了三级混频方式。

4.3　控制中心站

4.3.1　网络控制中心

网络控制中心（Network Control Center，NCC）有时又称为网络管理站（Network Management Station，NMS），与用户信息管理系统 CIMS 相连，是一个由多计算机组成的分布式实时控制系统，协同完成卫星资源的监测、网络管理和控制相关的逻辑功能。

NCC 负责整个卫星通信系统的运转，包括但不限于星载设备的配置与管理、入网注册、鉴权等，可以对卫星的轨道、卫星波束覆盖及卫星运行状态进行控制，还可以动态地分配带宽、处理在卫星上测量的数据。NCC 是所在区域网络的管理中心，具有提供其他网关的功能，同时也描述了卫星上的新的路由路径以及在系统内的路由表的分发，保证全网正常可靠地工作。它的作用相当于电话网中的程控交换机。根据所在域不同，又可分为归属域 NCC（HNCC）和漫游域 NCC（FNCC）。

按照功能，网络控制中心又可以划分为网络管理功能组和呼叫控制功能组。

1. 网络管理功能组的主要任务

（1）管理呼叫通信流的整体概况。

（2）系统资源管理和网络同步。

（3）运行和维护（OAM）功能。

（4）站内信令链路管理。

（5）拥塞控制。

（6）提供对用户终端试运行的支持。

2. 呼叫控制功能组的主要任务

（1）公共信道信令功能。

（2）移动呼叫发起端的关口站选择。

（3）定义关口站的配置。

4.3.2 卫星控制中心

卫星控制中心(Satellite Control Center,SCC)负责监视卫星星座的性能,控制卫星的轨道位置。与卫星有效载荷相关的特殊呼叫控制功能也能够由卫星控制中心来完成。

对遥测信号,基带接收和解调天线与下行链路送来的卫星遥测信号,得到遥测数据帧后送 SCC,SCC 处理得到卫星工程参数。对卫星遥控,SCC 发送遥控指令给基带,基带调制后通过上行链路及天线再发送给卫星。需要测距时,SCC 控制基带发送上行测距信号给卫星,卫星接收解调后再发送下行测距信号,基带接收下行测距信号,经处理得到星地距离,送给 SCC 供定轨使用。

地面站通常有以下 4 种工作模式:遥测、遥测+遥控、遥测+测距、遥测+校零。在各种模式下,SCC 都负责遥测数据的处理,卫星控制参数的计算、控制策略的制定和对卫星测定轨的规划等,自动监控系统(Monitoring and Control System,MCS)需要依据 SCC 发出的系统工作模式设置相应的设备工作参数,配合 SCC 完成对卫星的监视和控制。

按照功能,卫星控制中心又可以划分为卫星控制功能组和呼叫控制功能组。

卫星控制功能组的主要任务如下。

(1)产生和分发星历。

(2)产生和传送对卫星有效载荷和公用舱的命令。

(3)接收和处理遥测信息。

(4)传输波束指向命令。

(5)产生和传送变轨操作命令。

(6)执行距离校正。

呼叫控制功能组完成移动用户到移动用户呼叫的实时交换。

4.4 关 口 站

关口站通过本地交换提供系统卫星网络(空间段)到地面现有核心网络(如公用电话交换网(Public Switched Telephone Network,PSTN)和公用地面移动网络(Public Land Mobile Network,PLMN)的固定接入点。一个关口站可以与指定的卫星点波束关联,多个关口站可能位于单颗卫星的同一点波束中,例如当点波束覆盖区跨越多个国家的边界时。当关口站位于多个点波束的重叠覆盖区时,一个关口站也可能支持同时接入多个点波束。因此,关口站允许用户终端在特定的覆盖区域内接入地面网络。

卫星移动通信系统与地面移动网络(如全球移动通信系统(Global System for Mobile Communications,GSM)和码分多址(Code Division Multiple Access,CDMA)网络)的集成带来了一些附加的问题,必须在关口站中解决。从功能性的观点看,关口站提供了基站收发信机(Base Transceiver System,BTS)的无线调制解调器功能、基站控制器(Base Station Controller,BSC)的无线资源管理功能和移动交换中心(Mobile Switching Center,MSC)的交换功能。移动交换中心与本地移动性寄存器(包括访问位置寄存器(Vistor Location Register,VLR)和归属位置寄存器(Home Location Register,HLR))相

连，以获取必需的用户信息。图4.3所示为关口站的基本内部结构。射频/中频设备和业务信道设备一起构成关口站收发信机子系统，关口站收发信机子系统与关口站控制器一起构成关口站子系统。

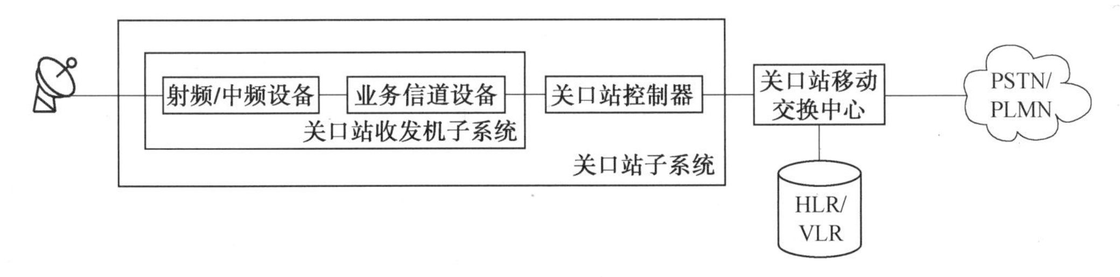

图4.3　关口站的基本内部结构

关口站的功能结构如图4.4所示。来自PSTN和IP网的数据经MSTP（多业务传送平台）复接后，在一条光纤上以SDH格式混合传输。到达关口站后，经由MSTP分接，然后经各自的网关处理后，经上行空中接口调制发射到星上。而来自星上的数据通过下行空中接口到达PSTN网关和IP网关，经过相反的处理后发送到PSTN和IP网。

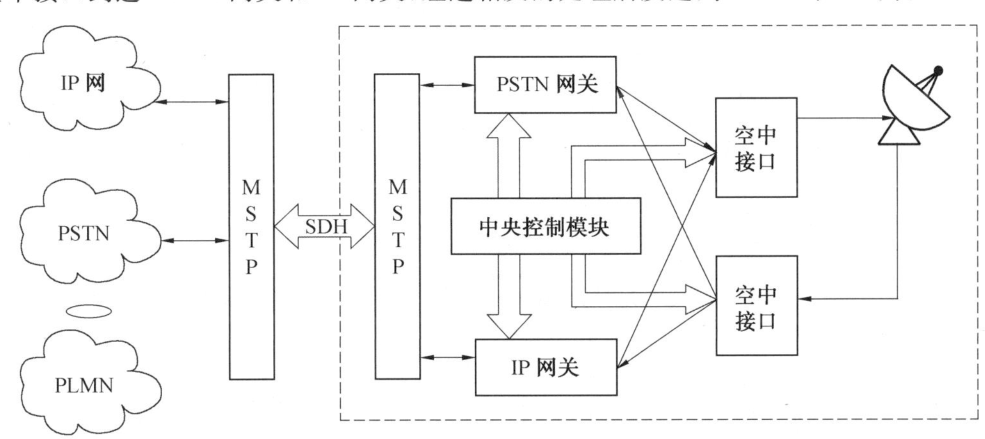

图4.4　关口站的功能结构

（1）空中接口。

空中接口是关口站和卫星的接口，主要完成关口站和卫星平台间的信号发射和接收功能，实现关口站和卫星平台的互联。

（2）多业务传送平台（Multi-Service Transport Platform，MSTP）。

MSTP指基于同步数字体系（Synchronous Digital Hierarchy，SDH）技术，同时实现时分复用（Time-Division Multiplexing，TDM）业务、异步传输模式（Asynchronous Transfer Mode，ATM）业务和以太网业务的接入处理和传送，提供统一网管的多业务节点。简单地说，MSTP主要是为了解决如何在一条光纤上同时传输多种业务的问题。

（3）中央控制模块。

中央控制模块是整个关口站的核心，负责整个系统的控制和管理，主要包括信令的处理、资源的分配及各种业务在各个网关间的调度等。

(4)PSTN 网关。

PSTN 网关实现卫星网和 PSTN 之间的信息转换,从而实现卫星网和 PSTN 的互联。卫星网与 PLMN 的互联也通过 PSTN 转接实现。

(5)IP 网关。

IP 网关同 PSTN 网关的功能相似,主要实现卫星网和 IP 网间的互联。但是,由于 IP 网和卫星网的传输体制不同,IP 业务种类又多种多样,所以 IP 网关的实现远比 PSTN 网关复杂。

鉴于 IP 网关的三种业务,每种业务都需要进行不同的处理,所以 IP 网关内部又分为三个组成部分:基于 IP 的语音传输(Voice over Internet Protocol,VoIP)网关、WAP 网关和 Internet 网关。图 4.5 所示为 IP 网关的功能结构。

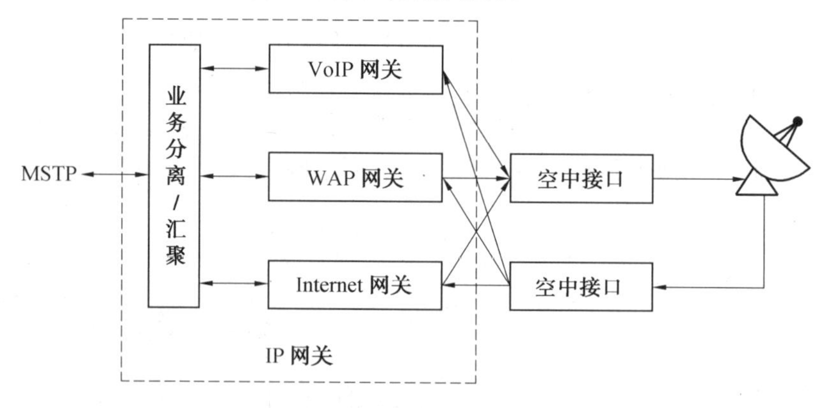

图 4.5 IP 网关的功能结构

①VoIP 网关。VoIP 网关实现卫星移动终端与基于 IP 的语音终端或者是经过 IP 网连接的其他语音终端的互联。

②WAP 网关。WAP 网关实现卫星移动终端与互联网的互联,使用户可以在便携式手持终端(手机)的微浏览器上访问 Internet。

③Internet 网关。Internet 网关提供卫星 P 终端(笔记本电脑、台式计算机等)通过卫星到 Internet 的接入。

4.5 用 户 终 端

4.5.1 VSAT

甚小口径地球站(VSAT),早期也被称为微型站或小型数据站。到 20 世纪 80 年代中期,人们习惯称为 VSAT 终端或 VSAT 系统(网络)。它的显著特征就是地球站直径通常小于 2.4 m,甚至用更小的抛物面天线,其直径不大于 1.5 m。VSAT 系统通过主站应用管理软件监测和控制小型地球站。

VSAT 具有以下特点:

(1)VSAT 系统可支持多种业务类型,包括数据、语音、图像等。

(2)VSAT 系统可工作在 C 波段或 Ku 波段。

(3)VSAT 终端天线小、设计结构紧密、功耗小、成本低、安装方便、对环境要求低。

(4)VSAT 网络组网灵活、独立性强,其网络结构、技术性能、设备特性和网络管理都可以根据用户的要求进行设计和调整。

(5)可以与计算机、ISDN(综合业务数字网)联网。

VSAT 网络的基本结构包括一个网络中心站(Hub)和各远端小站 VSAT 本身,前者可为网络中的所有 VSAT 提供广播工具,后者可使用某种多址接入方式接入卫星。网络中心站由服务提供商经营,可被众多用户共享,不过每个用户组织都要有唯一的接入自己 VSAT 网络的方式。网络中心站到 VSAT 的下行传输一般采用时分复用方式,此时传输内容以广播方式被网络中的所有 VSAT 接收,或者以地址编码的方式将信息直接发送到指定的 VSAT。

从 VSAT 到网络中心的传输则要更为复杂一点,需要使用许多不同的方法,而且其中不少还是需要收费的。Rana 等人 1990 年对各种方法做了全面的总结。最常用的方式是频分多址(FDMA),这种方式下可以使用低功率的 VSAT 终端。也可以使用时分多址(TDMA),但它在低密度的上行传输中效率不高。VSAT 网络中传输的大多是突发式数据,如库存控制、信用确认以及预约等,这些业务是随机发生的,而且可能间隔极短,所以使用常规的 TDMA 方式进行时隙分配会使信道利用率很低。有些系统使用了按需分配多址(Demand Assigned Multiple Access, DAMA),这种方式根据网络中 VSAT 的需求量变化来分配信道容量。DAMA 与 TDMA 一样,可以与 FDMA 合用,这种方式的缺陷在于,需要建立一个预留信道以便于 VSAT 进行信道分配请求。正如 Abramson 在 1990 年所指出的,接入问题因此转化成用户如何高效公平地接入预留信道的问题。Abramson 提出了一种名为码分多址(CDMA)的方法,利用扩展频谱技术,并遵循 Aloha 协议。基本 Aloha 协议是一种随机接入方法,在固定时隙中随机传输数据包。该系统适用于包传输时间小于时隙的情况,为防止不同 VSAT 发送包时产生冲突,系统还做了预留。Abramson 称这种方法为扩展 Aloha(spread Aloha),并且提出了理论结果,证明该方法为小型地球站提供了最大吞吐量。

图 4.6 所示为卫星 VSAT 星形网的组成和路径示意图,图中,各远端 VSAT 小站与主站之间可直接进行通信。这就意味着从一个 VSAT 到另一个 VSAT 的连接必须通过网络中心。这需要两跳线路,传播延迟也随之增加,而且按照 Hughes 等人 1993 年提出的理论,它所需要的卫星容量相对于单跳线路也要增大一倍。Hughes 为 VSAT 系统提出了种名为网状连接(mesh connection)的方案,可以使 VSAT 通过卫星进行单跳连接。

Rana 等人 1990 年提出,大多数 VSAT 系统工作在 Ku 波段,但也有部分工作在 C 波段。Hughes 等人在 1993 年证明,对于 Ka 波段的 VSAT 系统,必要的衰落裕量并非多余,其性能在其他方面与 Ku 波段系统不相上下。

Rana 等人在 1990 年做了总结,认为当前 VSAT 系统的主要缺陷在于高额的初期费用、网络大型化(一般指 500 个 VSAT 以上)的趋势,以及缺乏 VSAT 间的直连链路。技术改进措施,尤其是微波技术领域和数字信号处理技术的改进,将会使这些问题在最大程度得以解决。

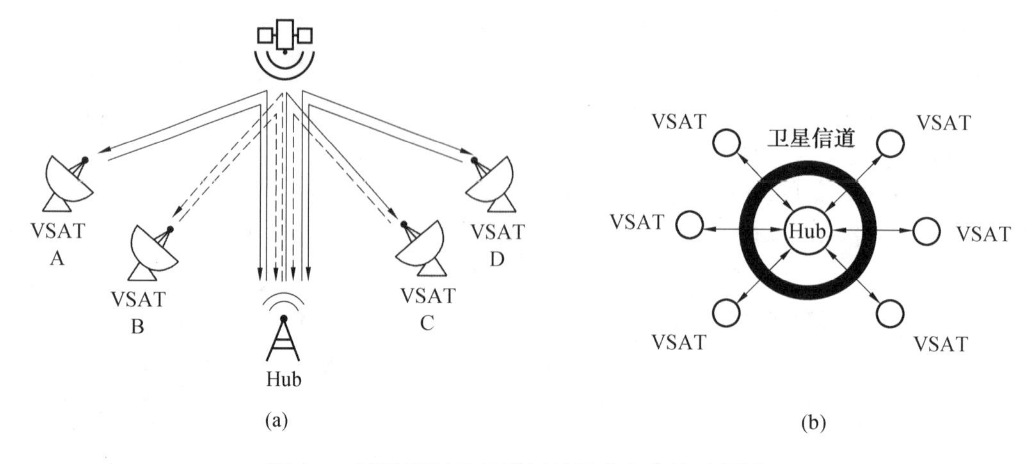

图 4.6　卫星 VSAT 星形网的组成和路径示意图

如今，除了个别宽带业务外，VSAT 卫星通信网几乎可以支持所有现有业务，包括语音、数据、传真、局域网(Local Area Networks，LAN)互连、会议电话、可视电话、低速图像、可视电话会议、采用 FR 接口的动态图像，以及电视、数字音乐等。VSAT 网可对各种业务分别采用广播(点→多点)、收集(多点→点)、点一点双向交互、点一多点双向交互等多种传递方式，充分说明了 VSAT 的灵活性。

4.5.2　便携终端

便携终端指尺寸与公文包或笔记本电脑相当的可搬移的设备，这些设备可以从一个地方搬移到另一个地方，但不支持在搬运移动过程中通信。

4.5.3　手持终端

手持终端指支持在移动中工作的终端，又可细分为个人终端和集群终端两类。个人终端主要指各种手持和掌上设备，也包括各种置于移动平台(如汽车)上的终端。集群终端适合团体使用，装配于某个集体运输系统(如汽车、飞机、火车或航天器)中的各成员上。

本章参考文献

[1] 甘良才，杨桂文，茹国宝. 卫星通信系统[M]. 武汉:武汉大学出版社，2002.
[2] 王秉钧，王少勇，田宝玉. 现代卫星通信系统[M]. 北京:电子工业出版社，2004.
[3] 陈振国，杨鸿文，郭文彬. 卫星通信系统与技术[M]. 北京:北京邮电大学出版社，2003.
[4] 军事训练教材编委会. 卫星通信技术[M]. 北京:国防工业出版社，2000.
[5] 陈振国，齐怀亮，吕林. 卫星通信技术[M]. 北京:人民邮电出版社，1992.
[6] 朱立东，吴廷勇，卓永宁. 卫星通信导论[M]. 4 版. 北京:电子工业出版社，2015.

第5章 卫星测控技术

5.1 概　　述

卫星测控(跟踪、遥测、遥控)系统是卫星通信系统的重要组成部分,也是卫星通信技术在航天领域中的一种典型应用。具体而言,当卫星升空后,人们需要获取各种数据,对卫星的运动信息、环境参数及其内部的工程技术参数等进行测量和控制,合理有效地利用空间通信技术就可以完成上述功能,达到对卫星进行测量和控制的目的。通常,对卫星的测量和控制是通过多种无线电和光学技术手段来实现的。由于光学测量手段有其自身的独特性,因此,本章只重点介绍卫星无线电测控技术,从卫星测控通信系统的功能入手,以统一测控系统为背景,根据所实现的功能不同,分别介绍统一测控系统中所使用的相关技术。

5.2 卫星测控系统

卫星测控系统是地面和卫星之间的一条信息通道,它为地面指挥控制人员打开了一个观测窗口,通过卫星测控系统人们可得到各种各样的数据,洞察到卫星的运行及工作状态,能够更好地指挥控制卫星,最大限度地获取有用数据。

5.2.1 卫星测控系统的功能

卫星测控系统的主要功能是对卫星的飞行轨道、姿态及其上的设备工作状态进行跟踪测量、监视与控制,以保证卫星能够按照预计的轨道和姿态运行,完成规定的航天任务。简单地说,卫星测控系统至少包括三大基本功能:跟踪(Tracking)、遥测(Telemetry)和遥控(Command),一般国际上将其简称为TT&C。其中,跟踪是指对卫星运行轨迹的观测,获得其相对于地面的运动信息,以便了解和预报卫星的轨道;遥测是利用各种传感器来获取卫星内部的工程技术参数,以便了解卫星各部分的工作状态;遥控是对卫星进行必要的控制,这种控制通常是利用指令来完成的,根据任务需要改变卫星的轨迹、姿态或安全控制等。

随着航天技术的飞速发展,上述三种测控技术日趋成熟,人们已经不再满足于能够使运载火箭或卫星按照预定的轨道运行,各分系统工作状态正常,人们研究的重点是如何有

效地获取到更多的科学数据。此时，卫星成了搭载观测仪器、收集和转发各种信息设备（统称为有效载荷）的一个空间平台，交换转发各种科学数据成为卫星测控的主要目的。因此，卫星测控系统还有另外一个重要的功能，即数传通信，主要完成航天器和测控站之间的语音、图像、电视和各种特殊科学数据的传送。在数据量小、速率低的情况下，数传通信功能可以由遥测系统来完成，随着数据量和传输带宽的不断增加，许多航天测控设备都设计了单独的数传通信分系统，这就标志着数传通信与测控（C&T）结合时期的开始。

值得说明的是，C&T 是通信（Communication）与测控（TT&C）的缩写，C 放在前面强调了航天任务的目的性。从测控工作程序上看应当是对卫星进行跟踪、遥测和遥控，在 TT&C 正常工作，搭建好了信息传输链路的基础上再进行通信的。此时的通信特指数据传输，而不是泛指的通信技术，事实上诸多的空间通信技术都被广泛地应用于通信与测控系统中。

5.2.2　卫星测控站的组成

为了实现利用卫星测控系统的跟踪、遥测、遥控和数传通信（简称数传）功能建立测控站，一个航天测控站除包括完成上述功能的 4 个分系统外还有信息数据处理中心、监控显示、地面数传通信和时间系统（简称时统）等相关的辅助支持分系统，如图 5.1 所示。

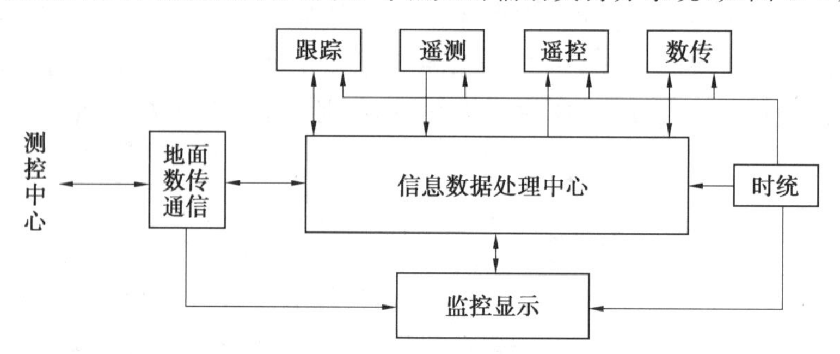

图 5.1　测控站组成示意图

（1）跟踪分系统。

卫星测控的首要功能是跟踪测轨，只有将天线指向卫星并能随卫星运动而调整天线的角度，才能保证后续其他分系统正常工作。跟踪分系统可以测量出卫星的飞行轨道参数，如坐标、速度、加速度等，通常称为外弹道测量，简称外侧，具体而言，外侧通常分为测角、测距和测速。

（2）遥测分系统。

卫星测控的第二个功能是遥测，它利用这种技术手段测量卫星内部的工作状态、工作参数、各种工程参数和环境参数，然后将这些参数转换成无线电信号，传输到地面测控站的接收设备，再进行分析、处理、与跟踪分系统相对应，这种测量称为内弹道测量，简称内侧。

（3）遥控分系统。

卫星测控的第三个功能是遥控，其对卫星进行远距离实时控制。按照不同用途，遥控可以分为两类：一类是一次性控制，如在卫星试验中发生故障，可以依据地面发出的控制指令修复，这称为安全控制，简称安控；另一类是对卫星的运行进行指令控制，使卫星上的仪器设备改变工作状态，如开机、关机等规定的操作。对于遥控分系统而言，带传输的指令数据量很小，但是对可靠性的要求却相当高，通常卫星对接收到的指令要进行多次比对和校验，确保指令的正确性后才予以执行。

(4)数传分系统。

数传分系统主要完成卫星和地面之间的语音、电视、图像和特殊数据的传输，数传分系统在载人航天和卫星测控等任务中作用显著。

(5)信息数据处理中心分系统。

信息数据处理中心分系统进行测量数据的加工、计算、分析，产生控制指令，注入数据，完成信息的交换和对测控设备进行管理。

(6)监控显示分系统。

监控显示分系统将数据处理分系统处理后的关键数据，也就是指挥控制人员最为关注的信息进行汇集、加工和显示，为分析决策和指挥控制提供依据。

(7)地面数传通信分系统。

地面数传通信分系统连接测控站和测控中心以及其他测控站，用于传递数据、语音和图像等信息。

(8)时统分系统。

时统分系统为测控系统提供统一的标准时间信号和标准频率信号。

一个测控站可以根据规定的程序独立地直接对卫星进行跟踪测量、遥测、遥控和通信，但是单一测控站的能力总是有限的，因此需要根据不同的航天任务需求，综合规划建设航天测控网，在航天指挥控制中心的指挥控制下，各测控站、船、星协同工作，更好地完成航天任务。

5.2.3　卫星无线电测控的特点

卫星无线电测控系统与通常的信息传输系统相比具有以下特点。

(1)卫星测控时段受到卫星轨道运动的限制，一般中低轨道卫星经过测控站作用范围的时间最长只有十几分钟，地面设备还需要有随卫星轨道运动而实施跟踪的能力。此外，目前较多的中低轨道卫星在地面站作用范围以外的测控，采取了存储式的延时遥测和延时遥控。

(2)卫星测控的星载设备必须承受复杂的空间环境考验，包括高真空、温度交变、空间粒子辐射等。此外，它还和运载火箭的箭载设备一样要经受火箭起飞到入轨过程的加速度、冲击和振动的力学环境考验。

(3)信息的多样性、可靠性和数据处理的复杂性。测控的信息源和对象不仅数目大而且差别也很大，例如遥测量，可以是电量也可以是非电量，这些不同的物理量通过遥测传感器进行测量又统一变成电信号进行多路传输。被测遥测参数性质上可分为慢变信息(例如卫星内温度、压力等)和快变信息(例如卫星的冲击、瞬变参数等)，此外还有开关量或数字信息。对于不同的遥控对象有不同的控制信息要求，例如控制的精度(时间或相位)要求、控制频繁程度等。特别需要指出的是遥控信息必须高度可靠，因为遥控的失误

往往会造成卫星灾难性的故障。遥控指令的执行方式也是多样性的，较多的是无触点开关电路或继电器。因此遥测和遥控在地面上的信息处理工作量十分大，而且在时间上要求快，许多卫星上发生的事件要求在短时间内做出反应和决策。跟踪测轨信息虽然与遥测和遥控相比种类较少，但它也是利用无线电波的多种性质(波束方向性、电波相位特性、电波的多普勒效应等)以及利用专门的跟踪测轨信号(如测距音、伪随机码等)实现跟踪测轨。

(4)无线电射频信号的综合利用。随着技术的发展，并为了提高有效性，对卫星无线电测控与跟踪测轨系统进行了整合，也就是采用统一系统。卫星与地面站之间采用统一的上行射频信道和下行射频信道。上行射频信道包括遥控和测距信号以及其他一些信号(例如通信等)；下行射频信道包括遥测和转发回地面的测距信号以及其他一些信号。上行射频信道和下行射频信道统一设计，互相关联并构成卫星与地面之间的闭环控制。

(5)涉及科学技术领域的广泛性。卫星无线电测控技术涉及的科学技术领域十分广泛，由于它属于信息传输范畴，因此其传输理论涉及信息理论与编码理论，其射频部分涉及微波技术、天线技术；其测量控制和视频部分涉及非电量电测、电子技术、控制技术、精密机械、数据处理、计算机技术等。

5.3 统一测控系统

在航天技术的发展初期，20 世纪 50 年代至 60 年代，测控系统是由相互分离的跟踪测轨设备、遥测设备、遥控设备组合而成，它们各自同航天器之间建立自己的通信链路，即负责轨道测量的雷达、负责监视空间飞行器工作状态的遥测、控制航天器运行状态的遥控是三个独立的系统，各自拥有传输系统和基站。

由于在分离测控阶段，跟踪、遥测与遥控各自拥有基站和载波频率，因此产生了航天器上设备过多、地面基站多、设备复杂、载频过多相互影响等问题。20 世纪 60 年代开始使用统一载波测控体制。

最早使用统一载波测控的是美国“阿波罗”登月的统一 S 波段(Unified S-Band, USB)，它采用频分复用技术将跟踪、遥测和遥控信号综合为一体，共用天线，这样的做法简化了航天器上的设备，减轻了航天器的负荷质量，避免了由多个分离设备带来的电磁兼容问题，同时也简化了地面设备的操作、维护和使用。

自 USB 测控系统问世以来，其在空间技术领域中得到了广泛应用。1979 年，世界无线电管理会议决定以 S 频段作为空间业务频段，促进了 USB 的进一步发展。20 世纪 80 年代，USB 被纳入国际空间数据系统咨询委员会(Consultative Committee for Space Data Systems, CCSDS)标准，被世界上多数国家同时接受。为了有利于开展国际合作，世界上许多国家都建造了 USB 测控系统，使得 USB 得到了进一步的推广和发展。

USB 测控设备是我国航天测控设备的主体，它的信号形式为脉冲编码调制(Pulse Code Modulation, PCM)/相移键控(Phase-Shift Keying, PSK)/调相(Phase Modulation, PM)，其中 PCM/PSK 体现测控体制数字化的特点，而 PM 则是最终的载波调制方式。在下行链路中，跟踪数据、遥测数据和数传数据经 PM 调制分别排列在 S 频段主载波附

近;在上行链路中,跟踪数据、遥控数据和数传数据经 PM 调制分列在载波附近,形成了一个在时域上混叠在频域上相互分离的 FDM 形式的多路复用信号。

统一测控系统采用应答式工作方式,卫星上测控设备和地面测控设备共同完成对卫星的跟踪、遥测、控制及数传通信等任务。

5.3.1　应答机

应答机由接收机、发射机、遥控终端、测距/测速终端、遥测终端和语音终端等部分组成,如图 5.2 所示。

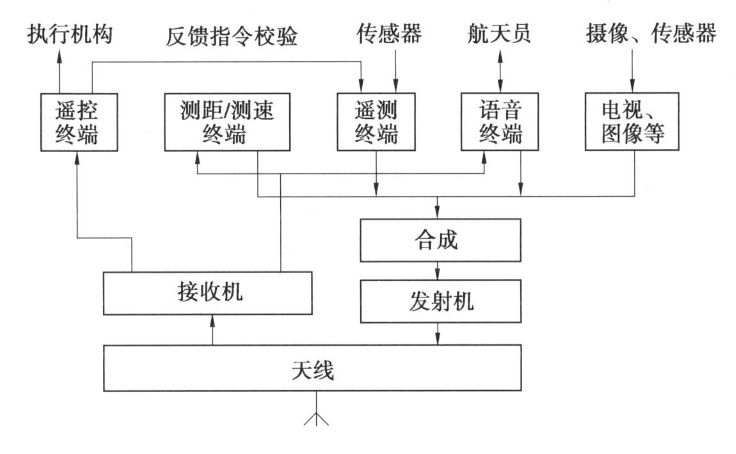

图 5.2　应答机功能组成

1. 接收与解调

接收机接收并锁定地面测控设备发射的上行信号,经载波相干解调后恢复出综合基带信号。遥控终端完成遥控副载波的解调,得到 PCM 形式的数字指令码,经译码后送相应的执行机构,同时,将指令码送遥测终端,与遥测信息一起发送回地面,经过与地面生成的遥控码进行校核,正确后再由执行机构实施相应的动作。语音终端经副载波解调得到语音信号,送给航天员。测距/测速终端检测出测距信号送应答机的发射机进行转发。

2. 调制与发射

对于下行信号而言,遥测和通信数传信号占主要部分,由传感器产生的遥测数据经过 PCM 编码形成数字码流,与遥控指令一起构成 PCM 码流,对遥测副载波进行 PSK 调制,形成编码遥测副载波调制信号。航天员的语音信号对语音副载波调制后形成语音副载波调制信号。测距测音、遥测与语音图像等已形成的副载波调制信号相加在一起,对应答机的统一载波进行 PM 调制,形成频分复用的下行载波信号,经过功率放大后由天线发送至地面测控设备。

5.3.2　地面测控设备

地面测控设备主要包括天伺馈分系统、综合基带设备、监控分系统、数据传输分系统及其他辅助设备,如图 5.3 所示。

地面测控设备主要完成对航天器发送来的下行信号的接收处理以及向航天器发送上行测控信号，其中遥测、测距/测速和数传通信功能集成在综合基带设备中。

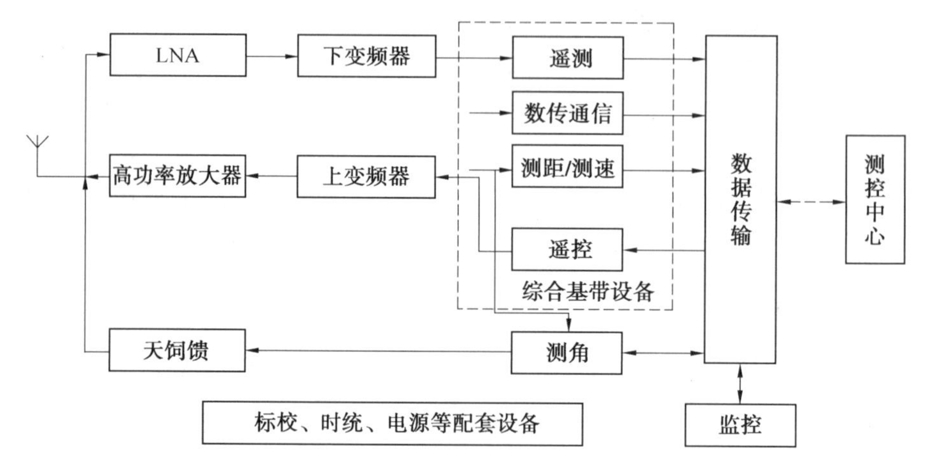

图 5.3　地面测控设备功能组成

5.4　卫星无线电跟踪测量技术

要对卫星进行有效的测量和控制，首先要让地面测控设备知道卫星的位置和运行状态，利用地面测控设备和卫星应答机，统一测控系统构成了一个从地面→卫星→地面的无线电跟踪测量信息通路，如图 5.4 所示。

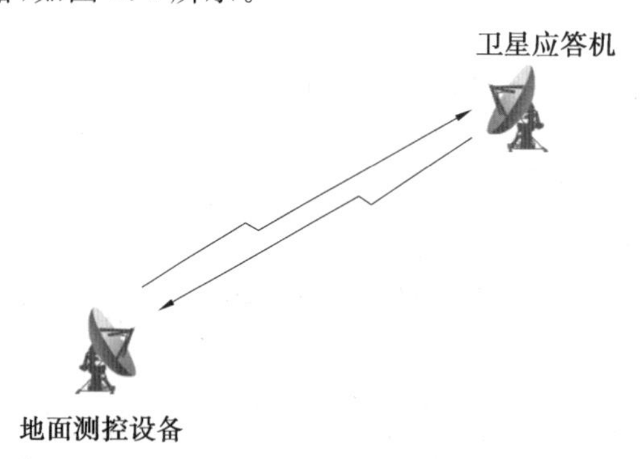

图 5.4　无线电跟踪测量信息通路

地面测控设备向卫星发送上行信号(连续波)，卫星接收该信号进行适当处理形成下行信号后再转发给地面测控设备，地面测控设备通过比较收、发信号之间的差异，可以直接得到卫星相对于地面站的测量坐标系下的位置和速度参数，习惯上称为轨道测量元素，主要包括距离 R、距离变化率 $\dot{R}$、方位角 A、俯仰角 E 等。经过坐标变换，数据处理便可以获得航天器的运行轨道，从而完成跟踪功能。

在图 5.5 所示的测量坐标系中，原点 O 位于地面站测量点测量天线的旋转中心，其地心经度和地心纬度分别为 L_0 和 B_0。OY 轴与过 O 点的地球椭圆面法线相重合，指向椭球面外；OX 轴在垂直于 OY 轴的平面内(地平面)，由原点指向大地北；OZ 轴与 OX、

OY 轴构成右手系,OZ 轴指向本地正东。

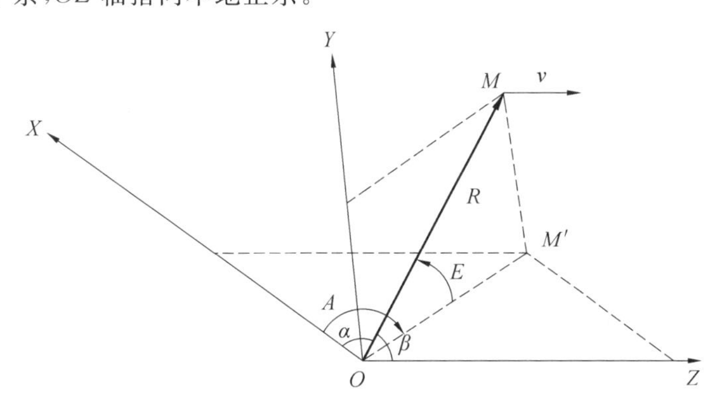

图 5.5 测量坐标系

卫星沿轨道运动,在某时刻位于测量坐标系中 M 点,相对位置矢量为 $\boldsymbol{OM}$,相对速度为 Mv,则各测量元素定义如下。

(1)距离 R。

距离 R 表示位置矢量 $\boldsymbol{OM}$ 的大小,等于观测点到目标卫星的最短距离。

(2)距离变化率 $\dot{R}$。

距离变化率 $\dot{R}$ 是目标的径向速度,为距离 R 的变化速率,等于卫星沿矢量 $\boldsymbol{OM}$ 方向的变化速度。

(3)方位角 A。

方位角 A 是位置矢量 $\boldsymbol{OM}$ 在地平面内的投影 OM' 与 OX 轴之间的夹角,从 OX 轴方向顺时针计量为正。

(4)俯仰角 E。

俯仰角 E 是位置矢量 $\boldsymbol{OM}$ 与其在地平面内的投影 OM' 之间的夹角,由地平面向上为正。

根据工作机理的不同,卫星无线电测量技术可以分为测角技术、测速技术和测距技术。顾名思义,完成方位角和俯仰角的测量技术为测角技术;完成目标距离量测量的技术为测距技术;完成径向速度的测量技术为测速技术。

5.4.1 无线电测角技术

要完成航天无线电测控,首先必须使测控天线能够对准航天器,这样才能保证测控设备获得最佳信号。无线电测角是通过方向性极强的天线波束对准目标而实现对目标角度坐标的测量。为了获得对目标运动角度坐标的连续测量,必须对目标进行自动跟踪。天线是角误差敏感的部件,目标同天线轴线方向上的偏差通常会反映在接收到信号的强度上,接收到的信号经过处理可以得到角度误差信号,送伺服系统,经过伺服系统对天线的角度进行测量。

天线的波束越宽,越容易捕获目标;而天线的波束越窄,获得的信号能力越强,测量结果的精度越高。在统一测控系统中,使用波束较宽的小天线作为引导天线,在航天器飞入测量空域时迅速捕获目标,将测得的角度信息送波束较窄的主天线,引导其自主跟

踪目标。

目前，在地基测控网中，自跟踪测角技术主要有两种：一种是利用航天器发出的载波直接测角，包括单站单脉冲测角和基线干涉仪测角等；另一种是利用航天器上的全球定位系统(Global Positioning System，GPS)接收机测出航天器位置，送到测控站后再换算出测角数据。在统一测控系统中通常采用第一种方法，主要采用圆锥扫描测角。

圆锥扫描天线波束轴偏离天线轴一定的角度 φ，并由扫描机构控制波束天线轴以固定角速度 Ω 旋转，这样波束轴在空间中画出一个绕天线轴旋转的圆锥面，圆锥扫描由此而得名。图 5.6 所示为圆锥扫描天线波束。

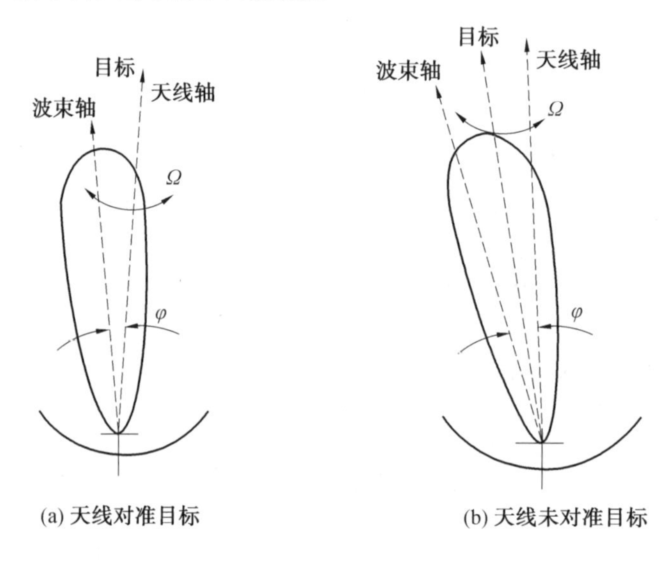

图 5.6　圆锥扫描天线波束

在扫描过程中，无论波束在什么位置，天线轴方向的增益都是相等的，当天线对准目标时，接收到的信号是等幅波。而当目标偏离天线轴时，随着波束的旋转，接收到的信号近似为正弦调幅(Amplitude Modulation，AM)信号，目标偏离天线轴的角度决定了调制深度，而目标偏离天线轴线的方向决定了调制信号的起始相位。图 5.7 所示为圆锥扫描波形。

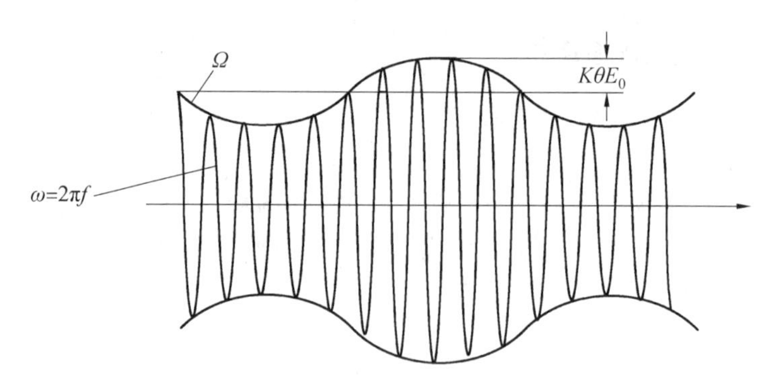

图 5.7　圆锥扫描波形

假设接收到的信号为

$$E(t)=E_0[1+K\theta\cos(\Omega t+\varphi)]\cos\omega t \tag{5.1}$$

式中，K 为与天线角误差斜率有关的常数，取决于天线馈源安装偏焦角度的大小；θ 为目标偏离天线轴的角度；Ω 为圆锥扫描的角速度；φ 为误差角与基准线的夹角；ω 为接收到的信号的载波；E_0 为天线对准目标（目标在天线轴向）时接收到的电平。

不难发现，信号包络 $E_0[1+K\theta\cos(\Omega t+\varphi)]$ 是频率为 Ω 的正弦波。对天线接收到的信号经过接收机进行检波、隔直、放大等处理就可以恢复解调出表征目标角度信息的调制信号，得出目标的方位和俯仰角误差信号，将角误差信号送伺服机构，驱动天线向使角误差减少的方向转动，进行自跟踪。

解调后的包络信号为

$$u(t)=E_0K\theta\cos(\Omega t+\varphi)=E_0K\theta[\cos\Omega t\cos\varphi-\sin\Omega t\sin\varphi] \tag{5.2}$$

利用正交基准信号 $U_s\cos\Omega t$ 和 $U_s\sin\Omega t$ 分别对上述低频信号进行相干解调，得到方位和俯仰角的误差信号，即

$$\Delta A=K_A\theta\cos\varphi \tag{5.3}$$

$$\Delta E=K_E\theta\sin\varphi \tag{5.4}$$

由此角度误差电压驱动天线对目标进行跟踪。

在圆锥扫描测角过程中，天线轴线在跟踪目标时不是方向图的最大值，这意味着接收到的信号能量不是最大，造成了接收信号的损失；从另一个角度看，其测角精度随着固定偏角 φ 的增大而增高，但是偏角越大，信号能量的损失就越大，因此，必须折中选取偏角，通常选择的偏角是使得波束宽度在扫描时比不扫描时增加 1.4 倍。圆锥扫描为了获得较宽的波束，口径一般比较小，它的优点是设备简单、波束宽、易于捕获目标，缺点是测角精度低、抗干扰能力差，因此，通常作为一种辅助的跟踪方式，用于精密跟踪大天线对目标进行初次捕获时的引导，在统一测控系统中的引导天线使用圆锥扫描测角方式。

5.4.2　无线电测距技术

无线电测距技术的理论基础是无线电波在空间中以恒定的光速沿直线传播。地面站向航天器发射出特定的测距信号，经航天器转发再返回到地面站，只要测量出测距信号收发之间的时延 τ，按电波传播速度（等于光速 c）即可求出距离，即

$$R=\frac{c\tau}{2} \tag{5.5}$$

不同的测距信号构成不同的测距体制，主要有以连续波信号为测距信号的纯侧音测距体制、以伪随机码为测距信号的伪码测距体制以及两者混用的码音混合体制。从测距的基本原理上看，无论是何种方式的测距，基本原理都是相同的，只要能够测出回波相对于发波的时延，就可以根据测距信号的传播时延与光速的关系计算出距离。在侧音测距中利用测量相位误差的方法计算出距离值，而在伪码测距中利用自相关函数来测量时延。本节简单介绍纯侧音测距的基本原理。

在纯侧音测距中，地面站发送的测距信号为单一频率的正弦波，当频率为 f 的侧音作为基带信号调制到载波上发送至目标，经目标转发后被接收机解调，接收信号相对于发送信号在时间上有一个延迟 τ_d，时间上的延迟 τ_d 和相位上的延迟 φ_d 之间满足线性关系

$\varphi_d=2\pi f\tau_d$。φ_d 或 τ_d 反映了发送点→目标→收收点之间的距离，即

$$R=\frac{\tau_d c}{2}=\frac{\varphi_d c}{4\pi f} \tag{5.6}$$

式中，c 为光速；τ_d 为侧音的时间延迟；f 为侧音的频率；φ_d 为侧音的相位延迟。

可见，侧音频率越高，测距精度越高，但是由于正弦波是以 2π 为周期的，因此，当测得的相位延迟超出 2π 时，就使得利用回波相位延迟测得的距离量会产生多值性，将这种现象称为相位模糊，它对应的距离就产生距离模糊。所以最大的测量距离只能是小于侧音信号的半波长，即 $R_{max}<\lambda/2$ 。单一频率正弦信号不能满足测距信号的要求，为了解决测距精度和距离模糊之间的矛盾，采用一组正弦信号作为侧音，各个侧音频率之比为整数，相位相干，低频侧音用于解决距离模糊，而高频侧音用来满足测距精度的要求，中间侧音起到匹配的作用。

5.4.3 无线电测速技术

1842 年，物理学家克里斯琴·多普勒在对声学研究的过程中发现了多普勒效应，半个世纪后，这一规律也被应用到无线电磁波领域。统一测控系统中的测速技术也无一例外地是以多普勒效应为技术基础。

运动目标的径向速度实际上是目标相对于观测点距离的变化率，那么对航天器速度的测量就可以在测距的基础上对测量得到的距离 R 微分而求得，但是这样测得的径向速度精度比较低。为了得到更精确的速度测量值，在航天测控系统搭建好的天地测控通信链路中，根据多普勒效应来提取航天器的径向速度。

由于运动目标同测量点之间存在多普勒效应，当发射源和接收点之间做相对运动时，接收到的信号频率将发生变化；当目标做接近接收点的运动时，接收到的频率高于发射频率；当目标做背离接收点的运动时，接收到的频率低于发射频率。正是基于这种机理，衍生出多种多普勒测速技术。

1. 单程多普勒测速

航天器上通常都装载有高稳定度的信标机，信标机向地面发射频率为 f_t 的正弦波信号，地面接收到的信号是发端信号经过 R 距离传输后的信号，因此，接收到信号相对发射信号的时延 $\tau=R/c$ ，即接收到信号的相位为

$$\varphi_R=2\pi f_t(t-\tau)=2\pi f_t\left(t-\frac{R}{c}\right) \tag{5.7}$$

发射频率 f_t 恒定不变，接收频率为

$$f_r=\frac{1}{2\pi}\cdot\frac{d\varphi_R}{dt}=f_t\left(1-\frac{\dot{R}}{c}\right) \tag{5.8}$$

定义多普勒频移为收、发频率差，则多普勒频移为

$$f_d=f_r-f_t=-\frac{\dot{R}}{c}f_t \tag{5.9}$$

式中，c 为光速；$\dot{R}$为径向距离变化率，即径向速度。

由此可见，只要地面设备可以精确地复现航天器信标机发射的频率 f_t，并且从接收到的信号中提取出多普勒频移 f_d，就可以利用式(5.9)求得航天器的径向速度。由于测速的过程中只需要航天器上信标机发射下行信号即可完成测速，故为单程多普勒测速。

单程多普勒测速的优点是设备简单，不需要上行信号，但是对航天器上信标机的频率稳定度和准确度都提出了很高的要求。通常高稳定度和高准确度的频标都有体积大、质量大和功耗高等特点，这些显著的特点限制了其在航天器上的使用，因此，考虑将高稳定度和高准确度的频率源安装在地面上，形成双程多普勒测速方法。

2. 双程多普勒测速

在双程多普勒测速系统中，地面设备向航天器发射高稳定度的频率为 f_1 的基准信号，航天器上的应答机接收并锁定该信号，并向地面转发，从而实现双程多普勒测速。考虑到收、发隔离等因素，航天器应答机不是直接转发接收到的信号，而是以一定的转发比 ρ 进行转发。

首先，航天器接收到的信号 f_2 中存在多普勒频移，则

$$f_2=f_1\left(1-\frac{\dot{R}}{c}\right) \tag{5.10}$$

锁定后按照转发比 ρ 向地面发射的频率为

$$f_3=\rho f_2=\rho f_1\left(1-\frac{\dot{R}}{c}\right) \tag{5.11}$$

地面设备接收到的信号频率中再次存在多普勒频移，即

$$f_4=f_3\left(1-\frac{\dot{R}}{c}\right)=\rho f_1\left(1-\frac{\dot{R}}{c}\right)^2 \tag{5.12}$$

由于目标的径向速度远小于光速，因此可将 f_4 做进一步的简化，即

$$f_4=\rho f_1\left(1-\frac{\dot{R}}{c}\right)^2=\rho f_1\left[1-2\frac{\dot{R}}{c}+\left(\frac{\dot{R}}{c}\right)^2\right]\approx\rho f\left(1-2\frac{\dot{R}}{c}\right) \tag{5.13}$$

因此，双程多普勒频移为

$$f_d=f_4-\rho f_1=-2\rho f_1\frac{\dot{R}}{c} \tag{5.14}$$

双程多普勒测速的最大优点是航天器和地面设备共用一个频率源，而且频率源是在地面，便于保证频率源的稳定度和准确度，减少测量误差；但是测量设备相对复杂，需要锁相环等部件来保证信号频率的跟踪和提取。在整个的过程中，各个信号的相位关系都保持不变，将这种转发方式称为相干转发或相参转发。

5.5　航天无线电遥测技术

在航天器发射前的实时准备过程中，指挥员需要知道运载器和航天器的状态参数，以便决定是否如期发射；在航天器飞行的过程中，当地面测控设备能够自动跟踪测量航天器外部运行轨道和姿态等外弹道参数后，航天器内部的情况就成为人们关注的焦点。遥测

是对相隔一定距离的对象进行检测并把测得的结果送到接收地点的技术，卫星无线电遥测是将卫星上的各种被测物理量变成电信号，并以无线电波的形式传到地面接收站，经接收、解调处理后提供飞行中卫星的各种工作状态和数据；无线电遥测系统将多个被测量通过传感器变为多路信息，采集合成后经编码调制，由星上遥测发射机变为射频无线电信号，由星上天线发送；射频无线电信号经星地空间传输到达地面接收天线，由地面接收机接收和解调后译码，再经分路处理后显示记录。

航天无线电遥测系统通过在航天器上安装传感器等设备，获取航天器内部的参数，将测量的结果通过下行无线电链路传送至地面接收站进行接收和处理。通过遥测系统，人们可以掌握航天器的工作状态、工作环境和各分系统的工作情况，以便更好地组织航天器管理活动，确保其正常运行。

从本质上讲，航天无线电遥测系统就是典型的点对多点无线信息传输系统，由于它在航天测控系统中的作用和使用环境的特殊性，形成了如下特点。

(1)被测参数多、系统复杂。航天无线电遥测系统的被测参数多达上千个，种类繁多，对不同参数测量结果的要求不同；被测航天器不同，对遥测的需求也不同。

(2)作用距离变化范围大，格式编排复杂，采用的新技术多。

(3)对系统可靠性要求高。

(4)具有快速的反应能力。在发射前的准备过程中需要依靠遥测数据来决定是否发射，在运行过程中需要实时处理关键参数作为遥控的依据，在任务失败时必须依靠快速的遥测数据处理结果来为问题定位，这些都要求遥测系统具备快速反应能力。

(5)系统冗余备份力度大。外测数据的短暂丢失可以依靠外推等方法来补救，但是遥测数据的丢失往往是无法弥补的，因此为了提高可靠性，在遥测系统中，采用多种冗余的方法来提高数据的完整性，如分集接收、多套遥测设备冗余备份、检前记录等。

通信技术的发展极大地带动了遥测系统的技术变革，调制体制和多路复用方式的不同在很大程度上决定了遥测系统的性能。在航天遥测技术半个世纪的发展历程中，依次经历了从模拟到数字、从频分复用到时分复用的蜕变，逐渐形成了 PCM 编码遥测体制。

数字系统与模拟系统相比，其优越性不言而喻，PCM 遥测系统中的各路信号都是经过采样并量化编码得到的数字信号，如何将千差万别的多路信号形成一路信号进行传输，是遥测系统首要考虑的问题。

将成百上千路信号进行频分复用是不现实的，数字信号时间上的离散化为信号在时域上复用带来了希望，时分复用是对每一路信号分配一个采样时隙，多路采样按次序传送。完成信号采集的部分称为交换子，图 5.8 所示为遥测交换子。由交换子对每一路信号进行采样，得到的采样幅值转换成二进制编码进行传输，帧格式就是对所有信号完成至少一次的采样后的信号排列形式。

在时分复用系统中，采样频率的选择十分关键，必须保证对每一路信号的采样都满足采样定理，但是被测信号之间彼此的差别使得无法选择一个适宜的采样频率对所有的信号进行采样，于是，遥测系统采用了对信号按照频率划分信号组的方法，对不同组选用不同的采样频率进行采样，各信号组之间采样频率成倍数关系，于是衍生出了超帧、副帧和子帧等概念。

帧同步码
帧
时分
复用信号
模/数转换
PCM
传感器

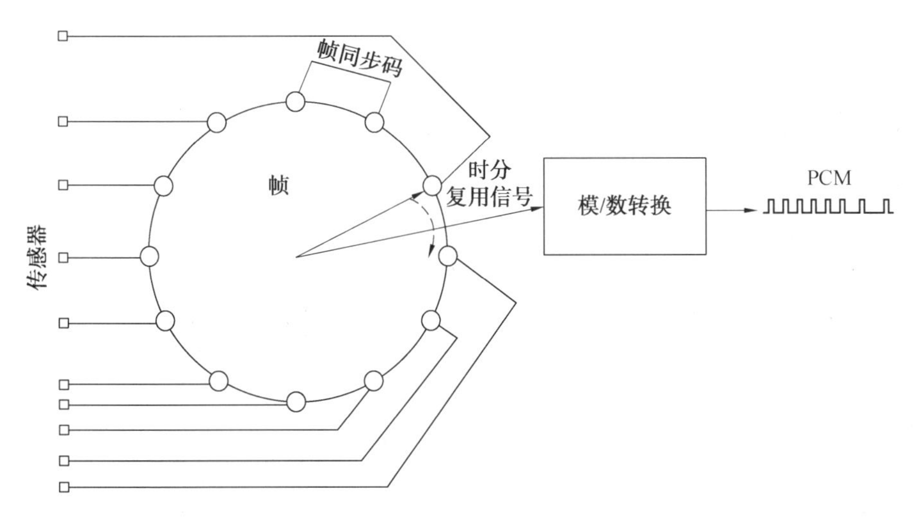

图 5.8　遥测交换子

PCM 遥测帧格式如图 5.9 所示。从时间顺序上看，自左至右、由上到下一个字一个字地传送，而每个字中先传高位后传低位。自左至右发送完一行，称为一个子帧，是采样频率最高的交换子完成一个完整的采样周期后获得的数据。多个子帧构成一个平面。采样率最低的参数至少被传送一遍的平面称为全帧。

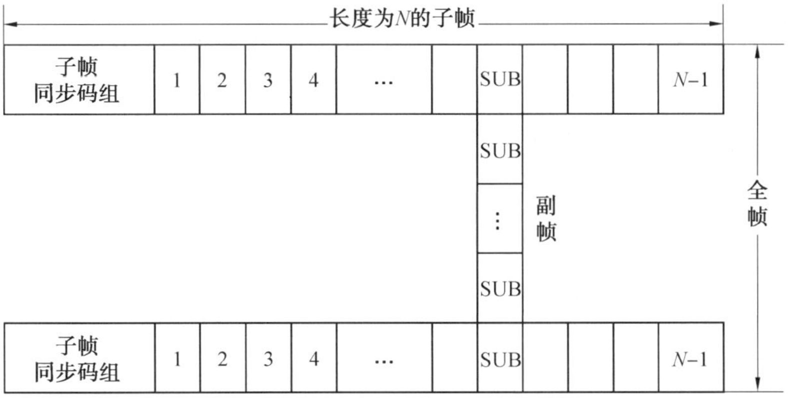

长度为N的子帧
子帧
同步码组
1
2
3
4
…
SUB
N-1
SUB
⋮
SUB
副
帧
全
帧
子帧
同步码组
1
2
3
4
…
SUB
N-1

图 5.9　PCM 遥测帧格式

在子帧中对应的时序上的一个纵行称为一个副帧，它是由串入子帧中规定时隙的采样频率较低的副交换子采样形成的数据，每一个子帧周期副交换子对频率较缓的信号组中的一个信号采样一次，将采样结果插入子帧中固定时隙，形成纵行上的副帧。超帧是为了适应对少量变化较快的信号进行采样的需求，在一个子帧周期中对一个信号进行多次采样而形成。

在时分复用系统中，同步也很关键，为了便于接收端根据帧格式能够正确地将各路信号提取出来，在每一个子帧周期开始时，在固定的时隙中插入帧同步码组，标志着一个子帧的开始，它是误同步概率和漏同步概率都很小的一组码字，利用自相关运算和出现的周期性，极易从 PCM 串行码流中将其识别出来。遥测标准推荐了字长 8～32 bit 的多种帧

同步码格式。

5.6 航天无线电遥控技术

从形式上看，遥控是遥测的一个逆过程，同样是无线电信息传输系统。遥控系统将地面的信息经由天地通信链路传送给航天器，但是由于信息传输目的不同，在遥测系统中采用的技术不能完全适用于航天无线电遥控系统中，主要表现在如下几个方面。

(1)断续发送。为了对航天器内部的工作环境进行监控，要求遥测系统时刻都在工作，下行遥测数据流是不间断地向地面发送的。遥控信号则是对遥测数据进行分析处理后，在必要时才进行发送，对航天器上相关部件进行调整和控制。为了使航天器接收设备中的锁相环等能够准确地对断续发送的遥控信号进行接收，通常在正式调制遥测基带信号至载波之前安排一段未调制载波，以便于锁相接收机捕获锁定载波；而后发送一段与遥控基带信号码速率相同的前导码，便于航天器上的位同步器在接收正式数据前建立码同步，确保不丢失数据。

(2)无须采集，以指令形式注入。遥测信号的信息源是各种传感器，传感器采集到信号经过多重变换最终形成 PCM 帧格式进行调制传输；而遥控信号通常是任务前准备好的一系列完成的指令，需要时直接加载进行传输。

(3)帧格式短，同步只能一次完成。由于遥控数据量小，帧格式短，因此无法使用遥测系统中的三态逻辑来进行帧同步的保护，只能一次完成帧同步的恢复。

(4)数据量小，只能采用分组信道编码方式。由于遥控帧短，不连续发送，因此无法采用卷积码作为信道编码的方式，只能采用分组码来提高传输的可靠性。

(5)对可靠性要求高。遥控系统对可靠性的要求极高，在遥控指令传输的过程中必须采用多种手段来保证其可靠性，以免灾难性的错误动作发生。在遥测系统中使用的信道编码技术只前向纠错，在接收端，纠错能力之内的错误被纠正，而纠错能力之外的错误依然存在；对遥控系统而言，不容许任何错误存在，因此，利用上、下行通信信道对指令的正确性进行检验，构成一个自动重传请求(Automatic Repeat Request，ARQ)系统，统一测控系统采用地面设备检测环比对和天地大回环比对两种验证方式。在发送遥控指令前通过从发射机耦合部分射频信号在地面设备中进行解调比对，形成的信号环路称为检测环；而发送到航天器上，经航天器的接收解调设备解调后的指令，再作为遥测信号经遥测系统传送回地面设备进行比对，形成了从地面到航天器再到地面的大的信号回路，称为天地大回环。遥控除了对可靠性有很高的要求外，对保密性要求也很高，一旦遥控指令被他人破解，就意味着别人也可以控制自己的航天器，因此遥控信号的帧格式等各国都有自己的规定。

5.6.1 基带信号构造

上行遥控信息包括遥控指令和注入数据两大类。注入数据是通过遥控上行信道向航天器发送的数据块。注入数据的长度一般都比指令长，由延迟指令、程序和数据组成。延迟指令是指延时执行的指令；程序是指地面发送给航天器上计算机的新程序，以改变后续阶段航天器的工作;数据是给航天器平台设备和有效载荷提供的新参数,以改变有关设备的工作参数。

遥控指令是地面控制航天器及其有效载荷运行操作的一种命令,一般比较短。一条遥控指令一般完成一项指定的操作,有时也用多条指令来完成一项指定的操作。遥控指令和数据基本格式(图 5.10)一般包括前导、地址同步字、指令码/数据和结束字四部分,具体介绍如下。

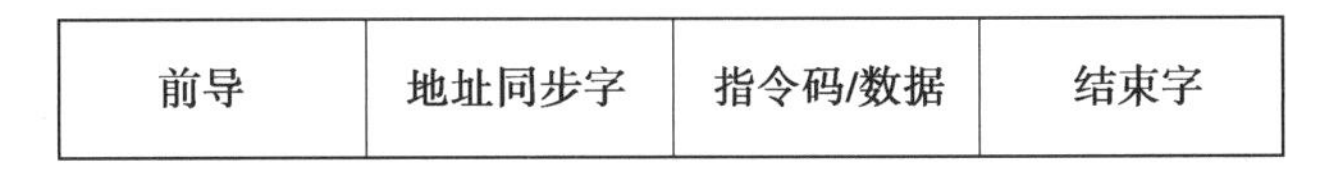

图 5.10　遥控指令和数据基本格式

①前导的功能是为遥控接收设备的解调和译码过程建立载波同步和码同步。

②地址同步字在多目标控制中既可用作区分地址,又可用作信息同步。在单目标控制中,只完成信息同步。信息同步的作用是向译码器指明二进制数据流中指令码字或数据起始位,以确保正确译码。

③指令码/数据是遥控信息需要传送的核心信息。

④结束字表明这一帧信号已经传完,可以输出译码结果并关闭译码器。在使用固定长度的指令和数据的遥控系统中也可不用结束字。

在中、低轨道航天器测控系统中,每个独立的指令或数据块加上地址同步字后,就构成一个遥控帧。如果连续发送若干指令或若干数据块,则构成遥控帧序列。一个遥控帧序列的开头加一个 16 位启动字,使航天器上译码器进入初态;也可不加启动字,而利用每个遥控帧的航天器地址同步字使其译码器进入初态。遥控帧序列的末尾是一个 16 位结束字,可使译码器关闭。

上行信道开启一次为一个遥控工作期。在每个遥控工作期的开头有一个引导序列,使航天器上载波、副载波解调器进入稳定和同步状态。如果在一个遥控工作期内,间歇发送若干个遥控帧或遥控帧序列,则需要在间歇期用空闲序列填充,以维持必要的同步。遥控工作期指令格式如图 5.11 所示。

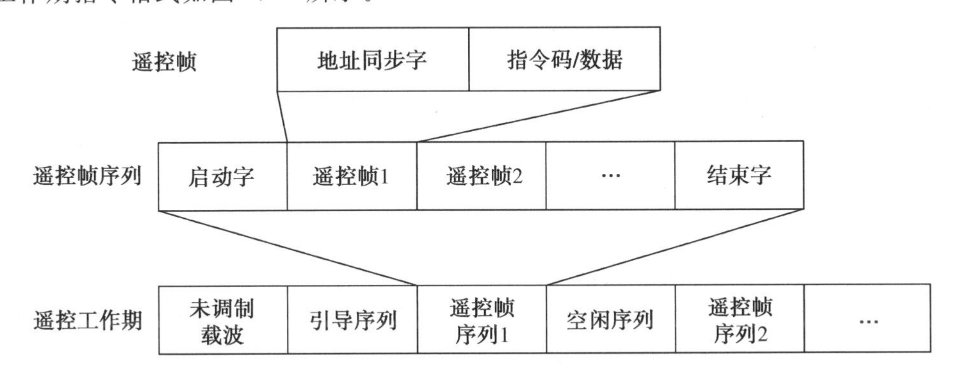

图 5.11　遥控工作期指令格式

对核心遥控帧进行进一步的分析,地址同步字一般由 16 位字构成,用以识别不同的航天器,各地址同步字之间的最小汉明距离为 3。指令码/数据部分,包含一个方式字和

其后的信息码元序列。根据功能不同，遥控帧可分为实时开关命令帧和串行注入数据帧两种，其方式字和信息码元序列的构成不相同。

位于一个遥控帧地址同步字后的第一个8位字形成方式字，由方式字的不同来标志后续是数据帧还是命令帧，同时也可以加入其他用户自定义的编码。

如果方式字表明，后续是实时开关命令帧，则遥控帧的指令码/数据部分依次包含6个长度为12位的命令A、B、C、D、E、F及数字签名(可选)。遥控命令帧如图5.12所示。

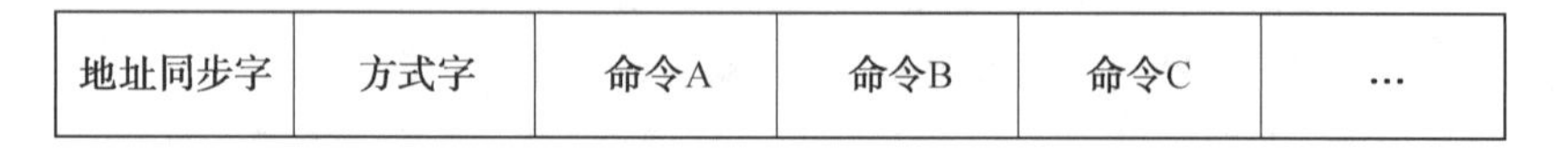

地址同步字	方式字	命令A	命令B	命令C	…

图5.12　遥控命令帧

在命令中，每个字节的内容由用户自行定义，可以用其若干字节连锁译码以降低错误命令的概率；可以重复几次发送同样文字，以降低命令拒收(漏指令)概率；也可采用其他各种差错控制技术。

当方式字表明，后续是串行注入遥控数据帧时，其帧格式如图5.13所示。其中，注入数据可以加载各航天器设备的控制数据或延时控制命令(带时间信息的命令)。注入数据的长度由用户自定义(国家标准规定为8位的整数倍)。注入数据可以采用各种差错控制编码，以降低错误接收概率和拒收概率，在一个串行注入数据帧的末尾用一个结束字表示该注入数据帧结束。

地址同步字	方式字	注入数据	循环冗余校验(CRC)	结束字	数字签名

图5.13　遥控数据帧格式

数字签名序列位于帧的末尾，是一个由用户自行设计的码元序列，其作用是对发送的命令或注入数据进行合法性保护。在航天器上，只有在识别出合法的数字签名后，对其保护的遥控帧命令或注入数据才能确认有效，予以接收。一旦遥控帧格式构建好，和遥测系统一样要选择适当的传输码形、预调滤波器等操作，在此不再赘述。

5.6.2　调制体制

遥控系统采用的调制体制与遥测系统大体相同，早期的遥控系统多采用频移键控(Frequency-Shift Keying，FSK)，因为对FSK信号进行解调时设备简单，大大简化了航天器上的设备，但是随着码速率和对误码率(Bit Error Ration，BER)的要求不断提高，FSK的误码特性以及带宽等已经不能满足需求，目前，大多数的航天遥控系统采用相移键控(PSK)调制，便于与其他上行信号合成复用信号。

略微有些不同的是，在遥控系统中对可靠性的要求非常高，一个码元的错误都是不能容忍的，而如果采用差分相移键控(Differential Phase Shift Keying，DPSK)的方式，一旦出现“倒π”现象，带来的将是至少连续两个码元的错误。因此，在遥控系统中多采用绝对相干的PSK体制，这就对解调时的接收载波锁相环提出了更高的要求。

5.6.3 验证和保护

即便是已经完美地构建遥控帧和高质量地设计了传输链路，在遥控系统的接收操作中仍然保留着对接收到的命令的验证措施，对特殊的命令还要采用保护手段，以确保关键命令的无差错传输和执行。按照验证检测环路的不同分为三种，即视频检测环、射频小信号检测环和射频大信号检测环，图5.14所示为遥控检测比对环。环路检测不仅能监视发出的遥控信号是否正确，还可对设备进行故障诊断。在必要的时候还可以结合遥测链路，进行天地大回环检测比对。

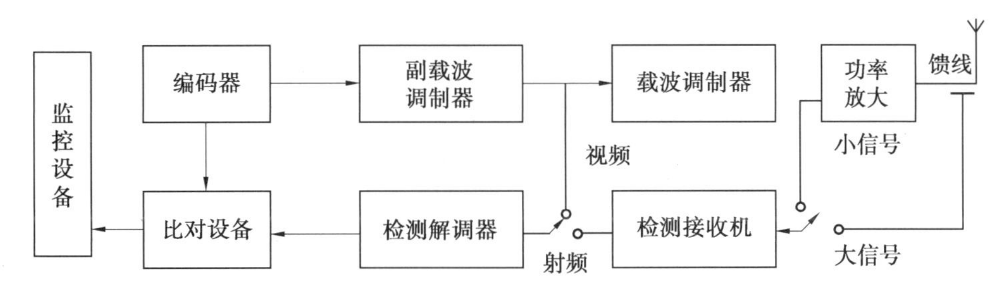

图5.14　遥控检测比对环

(1)视频检测环。

视频检测环包括编码器、副载波调制器、检测解调器和比对设备。遥控终端机自检时，在监控设备的控制下，编码器输出指令或数据经副载波调制器调制后，直接送至检测解调器，完成副载波解调，恢复成PCM码，送至比对设备与原指令进行比对。

(2)射频小信号检测环。

射频小信号检测环包括视频检测环和发射机的载波调制器及检测接收机。当进行射频小信号检测时，终端机输出指令，将数据副载波调制信号送至载波调制器，进行载波调制后，经定向耦合器耦合后送至检测接收机进行载波解调，然后送至副载波解调器解调，再进行比对。

(3)射频大信号检测环。

射频大信号检测环包括射频小信号检测环和功率放大设备及馈线等。当系统进行射频大信号检测时，检测接收机接收从天线馈线上的定向耦合器采集的指令(含数据)载波调制信号，进行解调比对。这个环路可以检测到整个遥控信令信道，对遥控的最终输出信号进行监视。

5.7 天基测控技术

随着中、低轨道卫星数量的增多，地面站的测控任务越来越繁重，而且，载人航天器也需要长轨道弧段的实时跟踪和测控。天基测控为解决这些问题开辟了新路。天基测控是指利用在轨卫星的高空位置优势完成对中低轨道航天器测轨、遥测和遥控的技术。建在地球表面的测控站(地面站、测量船和测量飞机等)皆受电波直线传播和地球曲率的限制，单个测控站对中、低轨道航天器的测控时间很短，要想覆盖低轨道航天器的全部轨道，则

需要在全球均匀设置如下近似公式所示数量的地面测控站，即

$$N=\frac{14\ 800}{h}+2 \tag{5.15}$$

式中，h 为航天器圆轨道的轨道高度，单位是 km。

可见，如果要与 400 km 高度上工作的航天器保持不间断通信，需在地面建立 39 个均匀分布的地面站。建设和运行这么庞大的地面测控网是极不经济的，甚至是不可能的。由于每个国家的国土面积有限，而且地球 70％为海洋，所以许多站必定位于国外或公海上。海上的测量船可按需要设站，机动性大，甚至可在一次较长载人航天任务中调动站址，先后完成入轨和再入返回段的航天器测控任务，但其建造、维护和操作运行费用十分昂贵。相反，如果将测控站搬至地球同步高度，则一个高空站就能覆盖低轨道航天器 50％以上的轨道段，两个相距 160°经度的高空站即可覆盖全部轨道。

20 世纪 60 年代初就有学者提出天基测控概念。经过 20 多年的论证、试验和研制，终于在 1983 年 4 月 NASA 率先发射了第一颗地球同步跟踪与数据中继卫星(Tracking and Data Relay Satellite，TDRS)，到 1989 年 1 月第三颗中继卫星发射成功后，系统全面投入运行。随后 NASA 逐步撤销地面测控站，目前 NASA 的航天测控网中只有少量主要用于航天器发射段测控站以及用于极轨卫星的极区测控站。2000 年 6 月起，NASA 开始发射性能更高的第二代跟踪与数据中继卫星。2007 年 12 月 20 日，NASA 选定波音公司开始建造第三代跟踪与数据中继卫星，设计寿命 15 年，有效载荷更先进，应用波束形成技术。2013 年 1 月 30 日，美国发射了首颗第三代跟踪与数据中继卫星(TDRS－K，升空后名为跟踪与数据中继卫星－11)。直到目前为止，真正能对航天器同时完成三大测控功能的系统是跟踪与数据中继卫星系统(Tracking and Data Relay Satellite System，TDRSS)。这是利用两颗高轨道卫星的大容量通信转发功能，在地面终端站和用户星转发设备的配合下，完成对中、低轨道航天器连续测控和高速数传的系统。

5.7.1 跟踪与数据中继卫星系统的基本原理与组成

跟踪与中继卫星系统一般由空间段(跟踪与数据中继卫星)、地面段(也称为地面终端)和用户航天器(跟踪与数据中继卫星系统的服务对象)三个主要部分组成。图 5.15 所示为由两颗静止轨道卫星构成的跟踪与数据中继卫星系统的星座与覆盖范围。当用户航天器要向地面发送遥测数据、探测数据、语音和电视等信息时，先经过 S 频段或 Ku 频段星间链路发向跟踪与数据中继卫星，跟踪与数据中继卫星接收到并经过频率变化后以 Ku 频段将其转发到地面终端站，在地面终端站进行射频解调和解码处理，视频数据以原始格式通过国内通信卫星链路或其他宽带数据链路送至地面最终用户或用户卫星、有效载荷控制中心；当地面要向用户航天器发送指令、语音、数据和电视等信息时，先在地面终端站汇集，调制到 Ku 频段链路上发向跟踪与数据中继卫星，跟踪与数据中继卫星再以 S 频段或 Ku 频段转发给相应的用户航天器。

下面介绍美国的跟踪与数据中继卫星系统(TDRSS)的组成。

(1)空间段。

跟踪与数据中继卫星系统的空间段一般为配置于静止轨道上的一颗或多颗卫星，即

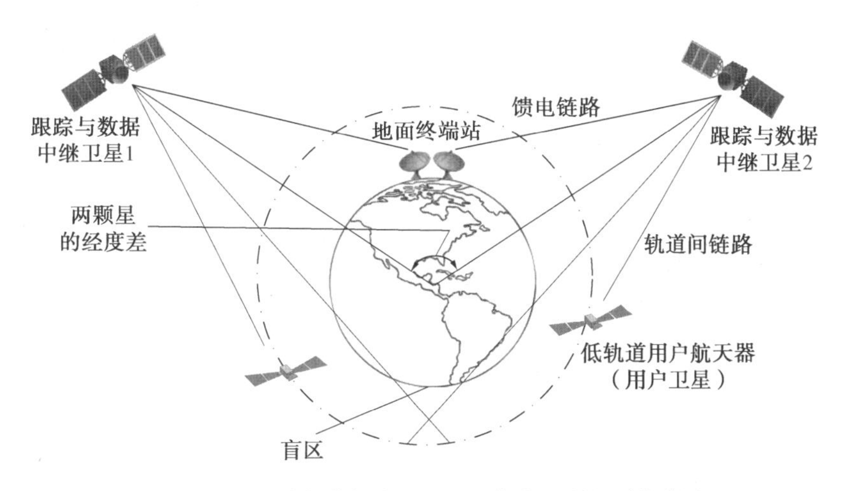

图5.15 跟踪与数据中继卫星系统的星座和覆盖范围

跟踪与数据中继卫星，它是跟踪与数据中继卫星系统的核心单元。数据中继过程在跟踪与数据中继卫星上只做简单的变频转发，但处于地球同步轨道的跟踪与数据中继卫星要与高度为40 000 km并且以第一宇宙速度运行的中、低轨道用户航天器建立稳定的输出传送链路，并且传送高达几百兆比特每秒的数据，必须采用不同于一般卫星通信和地面高速数据传送的先进技术。

跟踪与数据中继卫星形体的结构一般包括跟踪、遥测、遥控以及能源、推进动力和姿态控制等分系统。图5.16所示为美国第二代跟踪与数据中继卫星星体示意图。跟踪与数据中继卫星星体的有效载荷包括天线以及实现跟踪与数据中继的各种电子设备，这些电子设备主要是跟踪与数据中继卫星的转发系统，包含的三大转发系统为S频段多址（S-band Multi-Access，SMA）系统、S频段单址（S-band Single-Access，SSA）系统、Ka频段单址（Ka-band Single-Access，KSA）系统。每个系统都有双向射频信号转发器。

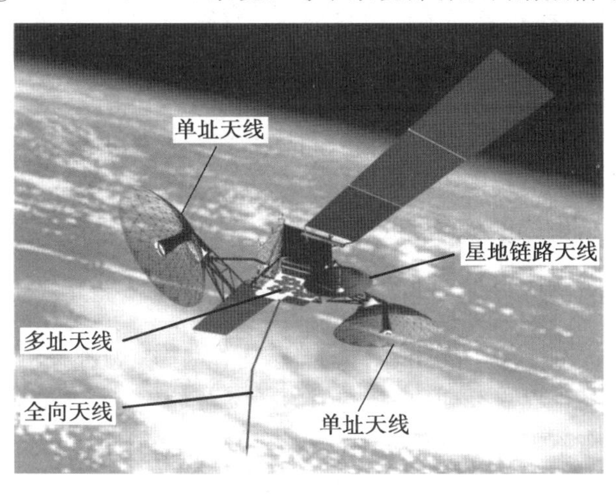

图5.16 美国第二代跟踪与数据中继卫星星体示意图

（2）地面段。

地面段主要是指跟踪与数据中继卫星系统的地面测控终端站，是天地信息汇集和交

换中心，其基本组成包括对数据中继卫星通信的大口径 Ku 频段天线（数量与在轨跟踪与数据中继卫星数一致）、射频收发设备、调制/解调设备、测距/测速设备、加密/解密设备、跟踪与数据中继卫星测控设备、多址用户自适应地面处理设备、纠错编/解码设备、站用时统和测控网通信接口等。

美国的 TDRSS 的地面部分主要有美国白沙中继卫星通信测控地球站，包括白沙地面终端和与之一起的 NASA 地面终端。地球终端站装备了 3 副口径 18 m 天线，每副天线与空间站某一颗星建立馈电通信链路；一副口径 6 m 天线用作星间测控；还有 4 副其他辅助天线。地球终端站可对 TDRS 的高功率放大器的增益进行控制，改变其工作频率和相控阵 S 波段天线波束的形成，也可对 Ka 波段天线的指向进行控制。

(3)用户航天器。

TDRSS 的主要用户航天器是进入中、低轨道的各类航天器，尤其是要求高轨道覆盖率的载人航天器和高数据传输速率的用户航天器。该系统还能用于高动态运载火箭的全程遥测数据传输，长航时无人机、长期高空气球、海上漂浮探测数据的传输，极区站高速接收数据的实时转发，甚至还可以为运载火箭或导弹发送遥控指令。

不同用户航天器有不同的测控数传要求，因而将使用不同的转发器和不同类型的天线。一般需要返回传输数兆比特每秒以上的用户航天器必须使用高增益定向天线和相应的精密天线波束指向控制和跟踪设备；低速用户航天器、海上无人平台等可使用低增益宽波束天线，容易建立星间链路；运载火箭则必须使用不妨碍载体气动特性的天线。

5.7.2 跟踪与数据中继卫星系统的特点

由 TDRSS 的原理和系统组成可以看出，TDRSS 具有如下特点。

(1)对用户航天器的轨道覆盖率高。由于跟踪与数据中继卫星的高度为36 000 km，能俯视中低轨道航天器，对所有中、低轨道航天器进行几乎 100％的跟踪。对轨道高度为 200 km 的航天器，能覆盖 85％以上的轨道；对轨道高度为 1 200～2 000 km 的航天器，能覆盖 100％的轨道；最高可跟踪轨道高度为 5 000 km 的航天器；其单址勤务对轨道高度为12 000 km的航天器仍能覆盖 100％的轨道。这种连续的测控能力可及时传送探测数据，有利于提高时效性，也不需要在航天器上使用笨重、可靠性差的大容量存储设备；还可及时发现航天器故障，并采取措施排除。

(2)地面测控站减少。该系统可以取代许多保障中、低轨道用户航天器在轨运行的地基测控站，尤其是海外测控站和测量船，只需保留用于轨道高度为 5 000 km 以上航天器的地面站。

(3)航天器集中管理。由于 TDRSS 容量大、可用性高，对所有中、低轨道航天器都集中控制，使设备和人员得以充分利用，同时使通道勤务的调动十分方便，利于测控业务和测控设备标准化，利于不同有效载荷探测信息的数据融合和综合利用。

(4)跟踪中继能力强，服务质量高。由于每颗 TDRS 星配置了多个高增益抛物面天线和相控阵天线，因而可以同时为多个用户航天器提供服务。其多址勤务能同时跟踪 20 个低速率用户航天器，单址勤务可同时跟踪 2～4 个高速率用户航天器，最高数传能力达 300 Mbit/s。数据中继路径主要为空间真空路径，且只需要经一颗跟踪与数据中继卫星即可传到地面终端站，无须再经中间转发，因而减少了中间环节，可靠性好，质量好。

由于受系统结构和跟踪与数据中继卫星技术水平的限制，TDRSS 还存在以下不足有待改进，具体如下。

(1)不能跟踪高轨道卫星。这是由中继卫星的跟踪视场造成的，其多址勤务的视场为 26°，单址勤务的视场稍大一些，其天线波束的可控范围为 45°。

(2)提高了对用户航天器的要求。用户航天器与中继卫星的距离为 42 000 km，远大于用户航天器与地面的距离，且要传送数百兆比特每秒的数据，这些要求用户航天器加大发射设备的功率和质量、采用高增益的窄波束天线，正由于此，TDRS 不适合用于微小卫星的控制。

(3)TDRSS 的位置固定，而且所有中、低轨道用户都由该系统控制，且 TDRS 星容易受到地面强信号的干扰，因此一旦 TDRS 星受到干扰或破坏，整个系统将陷于瘫痪。

5.7.3　跟踪与数据中继卫星系统的应用

TDRSS 以其极宽的波束覆盖跟踪能力和数据中继能力，能够服务于运行在中、低地球轨道的各类卫星、航天飞机、空间站等航天器，并且经过十多年的实际应用和开发研究，已将 TDRSS 用户扩展到大气层内、地球表面和带动力飞行的火箭上，并在探索将 TDRSS 用于小卫星及月球探测。综合起来，TDRSS 的应用主要在以下几个方面。

(1)跟踪和测定中、低轨道卫星。为了尽可能多地覆盖地球表面和获得较高的地面分辨能力，许多卫星都采用倾角大、高度低的轨道。跟踪和数据中继卫星几乎能对中、低轨道卫星进行连续跟踪，通过转发它们与测控站之间的测距和多普勒频移信息实现对这些卫星轨道的精确测定。

(2)为对地观测卫星实时转发遥感、遥测数据。传统的气象、海洋、测地和资源等对地观测卫星在飞经未设地球站的上空时，把遥感、遥测信息暂时存储在记录器中，而在飞经地球站时再转发。跟踪和数据中继卫星能实时把大量的遥感、遥测数据转发回地面，减轻星上存储压力，提高信息的时效性。

(3)承担航天飞机和载人飞船的通信和数据传输中继业务。地面上的航天测控网平均仅能覆盖 15%的近地轨道，航天员与地面上的航天控制中心直接通话和实时传输数据的时间有限。两颗适当配置的跟踪和数据中继卫星能使航天飞机和载人飞船在全部飞行的 85%时间内保持与地面联系。

(4)满足特殊需要。以往各类通信、导航、气象、侦察、监视和预警等卫星的地面航天控制中心，常需通过一系列地球站和民用通信网进行跟踪、测控和数据传输。跟踪和数据中继卫星可以摆脱对绝大多数地球站的依赖，而自成一独立的专用系统，能更有效地提供服务，并提高服务的安全性。

5.7.4　我国数据与中继卫星系统

我国现有的航天测控通信系统是随着航天器的研制逐步建设起来的。早期我国一直依托陆基测控站和远望系列远洋测量船，来支撑卫星、飞船和探测器的发射测控与在轨通信任务。然而，由于受地球曲率的影响，地面和海上测控对中、低轨道航天器的轨道覆盖

范围非常有限。例如，载人飞船 90 min 绕地球一圈，多数时间无法和地面测控系统实时联系。随着我国空间基础建设的快速发展，各类空间活动频繁开展，对于中继卫星系统服务的需求与日俱增。针对地面测控网对低轨道载人飞船覆盖率受限的状况，我国以当时最新研制的“东方红三号”卫星平台为基础，展开了国内第一代数据中继卫星的研制。

我国的数据中继卫星系统称为天链卫星系统。2008 年 4 月 25 日，天链一号 01 星在西昌卫星发射中心成功发射，意味着我国中、低轨航天器开始拥有天上的数据“中转站”。天链一号 01 星发射后，神舟七号飞船的测控覆盖率从 18% 提高到了 50%。2011 年和 2012 年，随着天链一号 02 星、天链一号 03 星先后成功发射，实现三星在轨组网工作(图 5.17)，我国成为继美国之后第二个拥有全球覆盖能力中继卫星系统的国家。2016 年 12 月，我国发射天链一号 04 星接替了超期服役的 01 星。

图 5.17　天链卫星组网示意图

2010 年我国启动了第二代数据中继卫星系统的研制，于 2019 年 3 月成功发射天链二号 01 星。天链二号 01 星基于“东方红四号”平台研制，除了充分继承一代中继卫星的技术基础，在服务目标数量、传输速率方面有较大提升，具有服务目标更多、传输速率更高、覆盖范围更广、设计寿命更长等特征。相比天链一号卫星，天链二号卫星的设计寿命由 7 年提升至 12 年；采用了更加先进的有效载荷技术，配置有多副新型天线，传输速率增加了一倍。在兼容天链一号卫星工作频率的同时，天链二号卫星扩展了工作频率的带宽和转发器的通道数量，不仅提升了服务用户目标数量，还能适应不同用户目标的各类数据传输要求，服务覆盖的范围也有极大提升。此外，天链二号 01 星的自主工作能力更强，增加了多目标任务调度功能，可以自动接收多目标任务，并自主排序完成。未来，我国将相继发射天链二号 02 星、天链二号 03 星等。第二代中继卫星与第一代相互配合，将更好地发挥数据中转站作用。

本章参考文献

[1] 周辉，郑海昕，许定根. 空间通信技术[M]. 北京：国防工业出版社，2010.

[2] 陈宜元，殷礼明，王家传. 卫星无线电测控测技术(上)[M]. 北京：中国宇航出版社，2007.

[3] 陈宜元，殷礼明，王家传．卫星无线电测控测技术(下)[M]．北京：中国宇航出版社，2007．

[4] 陈宜元．卫星无线电测控的特点、变化及发展趋势[J]．中国空间科学技术，19(6)：27-32．

[5] 陈芳允．卫星测控手册[M]．北京：科学出版社，1992．

[6] 姜昌，范晓玲．航天通信跟踪技术导论[M]．北京：北京工业大学出版社，2003．

[7] 石书济，孙鉴，刘嘉兴．飞行器测控系统[M]．北京：国防工业出版社，1999．

[8] 周智敏，陆必应，宋千．航天无线电测控原理与系统[M]．北京：电子工业出版社，2008．

[9] 赵业福，李进华．无线电跟踪测量[M]．北京：国防工业出版社，2003．

[10] 夏南银，张守信，穆鸿飞，等．航天测控系统[M]．北京：国防工业出版社，2002．

[11] 刘蕴才，房鸿瑞，张仿，等．遥测遥控系统[M]．北京：国防工业出版社，1999．

[12] 郝岩．航天测控网[M]．北京：国防工业出版社，2004．

[13] 李济生．人造卫星精密轨道确定[M]．北京：解放军出版社，1995．

[14] 庞之浩．国外跟踪与数据中继卫星概览[J]．载人航天，2006，(2)：33-39．

[15] 杨红俊．国外数据中继卫星系统最新发展及未来趋势[J]．电讯技术，2016，56(1)：109-116．

[16] 王景泉．国外跟踪与数据中继卫星的发展现状及趋势[J]．中国航天，1994，(5)：13-15．

[17] 刘进军．美国发射首颗第三代“跟踪与数据中继卫星”[J]．国际太空，2013，(5)：46-52．

[18] 孙彦新．长征三号丙成功发射天链一号数据中继卫星[J]．中国航天，2008，(5)：18-20．

[19] 郑恩红．长征三号B火箭成功发射天链二号01星[J]．中国航天，2009，(4)：24．

第6章 卫星通信链路分析

6.1 星地链路传输损耗

卫星链路预算主要是根据链路环境，收、发端系统参数等，计算链路信号的载波噪声功率比。发端的主要参数为有效全向辐射功率，即 EIRP 值。收端则常用天线口处的系统 G/T 值描述其性能。信号从发端到收端还要经历各种损耗和衰减。

6.1.1 有效全向辐射功率

链路预算中的关键参数是有效全向辐射功率，习惯上用 EIRP 表示则

$$\mathrm{EIRP}=P_{\mathrm{s}}G_{\mathrm{s}} \tag{6.1}$$

式中，P_{s} 为天线馈源处的载波功率；G_{s} 为发送天线的增益。

链路预算过程中，通常采用分贝或十进制对数来表示。本书中用方括号表示使用基本功率定义的分贝值。EIRP 常常以相对 1 W 的分贝值来表示，缩写为 dBW。令 P_{s} 的单位为 W，那么

$$[\mathrm{EIRP}]=[P_{\mathrm{s}}]+[G_{\mathrm{s}}] \quad (\mathrm{dBW}) \tag{6.2}$$

式中，$[P_{\mathrm{s}}]$是以 dBW 为单位，而$[G_{\mathrm{s}}]$是以 dB 为单位。

6.1.2 传输损耗

设 G_{r} 为接收天线的天线增益，则接收端收到的信号功率 C_{r} 为

$$C_{\mathrm{r}}=\frac{\mathrm{EIRP}G_{\mathrm{r}}}{L} \tag{6.3}$$

$$[C_{\mathrm{r}}]=[\mathrm{EIRP}]+[G_{\mathrm{r}}]-[L] \tag{6.4}$$

式中，L 为传输过程中的各种损耗。其中有些损耗是常数，有些损耗可以根据统计数据进行估计，还有一些依赖于天气条件，特别是降雨。计算时，先确定晴朗天气时的损耗。这些计算考虑了各种损耗，包括根据统计特征来计算的部分，它们都基本上不随时间变化。与气候有关的损耗以及随时间波动的其他损耗，则以适当的衰落余量计入方程中。

1. 自由空间传输损耗

作为计算损耗的第一步，必须要考虑信号在空间传输过程中所引起的功率损失。自由空间的传输损耗为

$$I=\left(\frac{4\pi d}{\lambda}\right)^2=\left(\frac{4\pi fd}{c}\right)^2 \tag{6.5}$$

式中，d 为传输距离，单位为 m；λ 为载波波长，单位 m；f 为载波频率，单位为 Hz；c 为光速，为单位 m/s。

通常，已知的是频率，计算自由空间传输损耗，即

$$[I]=32.4+20\lg d+20\lg f \tag{6.6}$$

式(6.6)中传输距离 d 的单位为 km，载波频率 f 的单位为 MHz。

2. 馈线损耗

接收天线和接收机之间的连接部分存在着一定的损耗。这类损耗是由连接波导、电缆、滤波器以及耦合器产生的。类似的馈线损耗也存在于连接发射机高功放输出端和发射天线的滤波器、耦合器、波导及电缆中。但是由于链路计算采用 EIRP 值，所以不涉及发射机的馈线损耗。

3. 天线指向误差损耗

建立了卫星通信链路以后，理想情况是地球站天线和卫星天线都指向对端的最大增益方向，如图 6.1(a)所示。但实际上可能存在两种天线波瓣离轴损耗的情况，一种在卫星端，另一种在地球站端，如图 6.1(b)所示。卫星端的离轴损耗是通过对工作在实际卫星天线波瓣上的指向来计算的。地球站端的天线离轴损耗也称天线指向损耗。天线指向损耗通常只有零点几分贝。

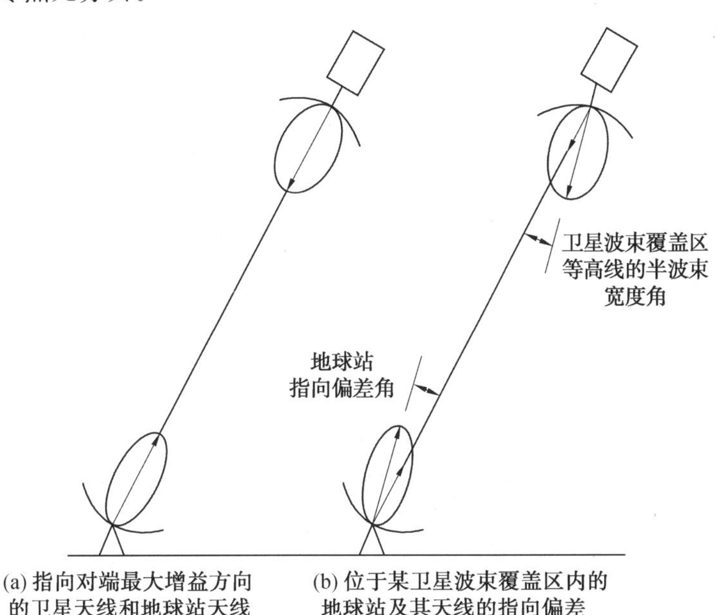

图 6.1　天线指向误差损耗示意图

除天线指向损耗外，天线极化方向的指向误差也会产生损耗。极化误差损耗通常很小，和天线指向损耗统称为天线指向误差损耗。需要指出的是，天线指向误差损耗必须要根据统计数据来估计，这些数据是基于对大量地球站进行实际观察后得到的。天线指向

误差损耗应该对上行链路和下行链路分别考虑。

4. 固定的大气层和电离层损耗

大气层的气体通过吸收电波产生的损耗称为固定的大气层和电离层损耗。这种损耗的总和通常小于 1 dB。

6.2 卫星通信链路的噪声和干扰

6.2.1 系统噪声

通信系统中有关噪声的论述是基于白噪声形式的，其功率谱密度为 $N_0/2$，如图 6.2 所示，且在很大频率范围内是平滑的。白噪声用一个平均值为零的高斯随机过程表征，它包括导电介质中电子随机运动产生的热噪声、太阳噪声和宇宙噪声。在通信系统中，附加的白噪声使接收到的信号恶化，通常称为加性高斯白噪声（Additive White Gaussian Noise，AWGN）。

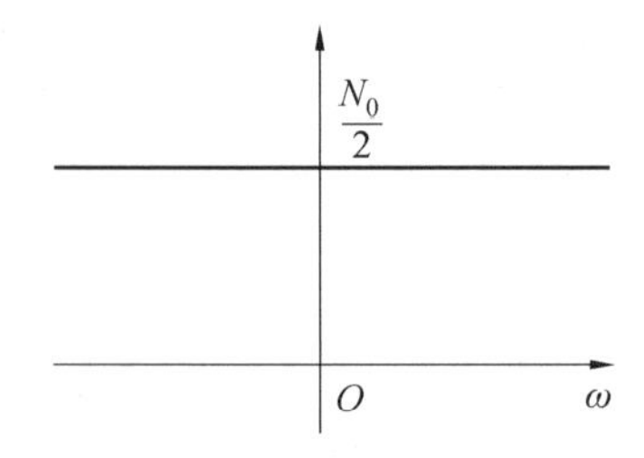

图 6.2　白噪声功率谱密度

在通信系统中，噪声源在匹配负载上产生的白噪声功率谱密度单位通常用 W/Hz 表示，即

$$\frac{N_0}{2}=\frac{kT_s}{2} \tag{6.7}$$

式中，k 为玻尔兹曼常数，$k=1.38\times10^{-23}$ J/K；T_s 为用 K(Kelvins)测量的噪声源的噪声温度。这表明，如果将此噪声源连接到一个带宽为 B(Hz)的理想滤波器输入端，其输入电阻与噪声源电阻匹配，则输出噪声功率为

$$N=N_0B=kT_sB \quad (\mathrm{W}) \tag{6.8}$$

任何无源或有源二端口网络，例如波导、低噪声放大器本身，都有噪声加到来自天线的噪声中，故必须考虑它们的影响。

现在分析一个增益为 G 的二端口系统，其输入端接入一个温度为 T_s 的噪声源。在带宽为 B(Hz)时，它的输出噪声功率为

$$N=GkT_sB+N_n \tag{6.9}$$

式中，N_n 为系统内部噪声源产生的输出噪声功率。式(6.9)可以写成

$$N=GkB\left(T_s+\frac{N_n}{GkB}\right)=GkB(T_s+T_e) \tag{6.10}$$

式中

$$T_e=\frac{N_n}{GkB} \tag{6.11}$$

由式(6.10)可见，N_n 是由接收系统输入端的等效噪声温度为 T_e 的一个假想噪声源产生的。因此可以得出结论，一个有噪声的二端口系统，可以用其等效噪声温度 T_e 来表征。二端口系统输入端的系统噪声温度定义为

$$T=T_s+T_e \tag{6.12}$$

也就是说，可以用一个无噪声的二端口系统和一个新噪声源来代替一个有噪声的二端口系统。用来表示二端口系统内部噪声的另一种参量是噪声系数 F。假定输入端的噪声源处于绝对温度 T_0（通常取为 290 K），则噪声系数 F 定义为系统的输出噪声功率除以系统无噪声时的输出噪声功率（即所有内部噪声都不存在时），即

$$F=\frac{GkT_0B+N_n}{GkT_0B}=1+\frac{T_e}{T_0} \tag{6.13}$$

由式(6.13)可见

$$T_e=(F-1)T_0 \tag{6.14}$$

下面考虑两个二端口系统 M_1 和 M_2 级联的情况，用于等效噪声温度分析的级联二端口系统如图 6.3 所示。

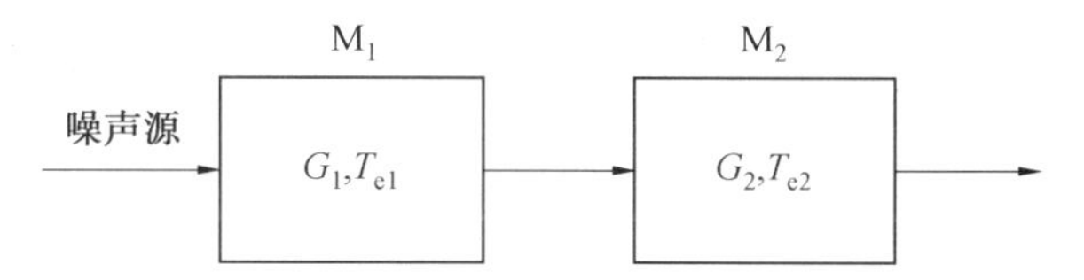

图 6.3　用于等效噪声温度分析的级联二端口系统

每个系统 M_i 用它的增益 G_i 和等效噪声温度 T_{ei} 表征，$i=1,2$。在级联系统输入端，假定噪声源的温度为 T_s，则在系统 M_1 的输出端，噪声功率为

$$N_1=G_1kB(T_s+T_{e1}) \tag{6.15}$$

其被 M_2 放大，在 M_2 输出端为

$$N_{12}=G_1G_2kB(T_s+T_{e1}) \tag{6.16}$$

因此，N_{12} 是由输出端噪声源和 M_1 内部噪声源产生的噪声功率。由式(6.11)可知，M_2 内部噪声源产生的噪声功率为

$$N_2=G_2kT_{e2}B \tag{6.17}$$

N_{12} 与 N_2 之和即为总输出噪声功率：

$$\begin{aligned} N&=N_{12}+N_2=G_1G_2kB(T_s+T_{e1})+G_2kT_{e2}B \\ &=G_1G_2kB\left(T_s+T_{e1}+\frac{T_{e2}}{G_1}\right) \end{aligned} \tag{6.18}$$

将式(6.18)与式(6.10)进行比较可知，级联系统可以用增益 $G=G_1G_2$ 来表征，其等效噪声温度为

$$T_e=T_{e1}+\frac{T_{e2}}{G_1} \tag{6.19}$$

式(6.19)很清楚地表达了系统 M_2 对总噪声温度的影响。由式(6.19)可知，如果系统 M_1 的增益足够大，那么系统 M_2 对总噪声温度的作用可以忽略。上述分析结果可以

容易地推广到 n 个系统的级联情况。

$$T_e = T_{e1} + \frac{T_{e2}}{G_1} + \frac{T_{e3}}{G_1 G_2} + \cdots + \frac{T_{en}}{G_1 G_2 \cdots G_{n-1}} \tag{6.20}$$

由式(6.13)可知，n 个系统级联时的噪声系数可以表示为

$$F = F_1 + \frac{F_2 - 1}{G_1} + \frac{F_3 - 1}{G_1 G_2} + \cdots + \frac{F_n - 1}{G_1 G_2 \cdots G_{n-1}} \tag{6.21}$$

接下来讨论关于传输线(例如波导、同轴线)，或其他用功率损耗而不是用功率增益表征的器件。对这种有损耗二端口系统，令 $L>1$ 为功率损失(即增益 $G=1/L<1$)，而 T_0 是环境温度，这时输出噪声就是 kT_0B。将 $T_s = T_0$，$G=1/L$ 代入式(6.10)，有

$$kT_0B = \frac{1}{L}kB(T_0 + T_e) \tag{6.22}$$

由式(6.22)得出有损耗二端口系统的等效噪声温度为

$$T_e = (L-1)T_0 \tag{6.23}$$

将式(6.23)与式(6.14)比较可得，有损耗二端口系统的噪声系数为

$$F = L \tag{6.24}$$

下面讨论接收机高频部分，它由天线、波导、低噪声放大器和下变频器级联组成，图 6.4 所示为用于系统噪声温度计算的接收端模型。

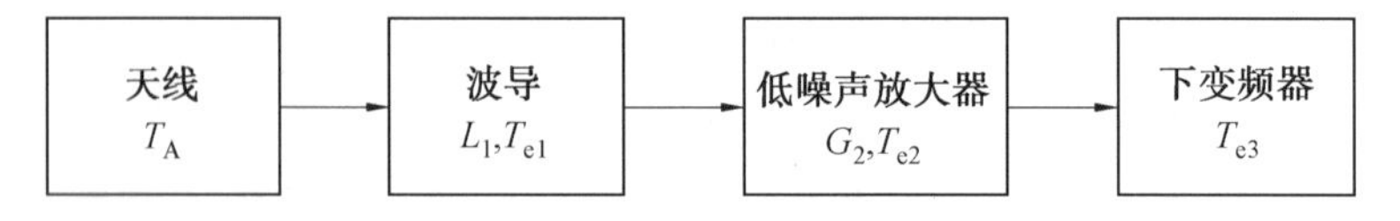

图 6.4　用于系统噪声温度计算的接收端模型

在馈源输出端测得的噪声温度用 T_A 表示，波导用功率损耗 $L_1>1$ 和等效噪声温度 $T_{e1}=(L_1-1)T_0$ 表示，低噪声放大器用增益 G_2 和等效噪声温度 T_{e2} 表示，下变频器用等效噪声温度 T_{e3} 表示。低噪声放大器和下变频器级联时的等效噪声温度 T_e 为

$$T_e = T_{e2} + \frac{T_{e3}}{G_2} \tag{6.25}$$

由式(6.10)可知，波导输出端的噪声功率为

$$\begin{aligned} N &= G_1 kB(T_A + T_{e1}) = \frac{1}{L}kB[T_A + (L_1 - 1)T_e] \\ &= kB\left(\frac{T_A}{L_1} + \frac{L_1 - 1}{L_1}T_0\right) \end{aligned} \tag{6.26}$$

因此，在波导输出端测得的噪声温度 T_s 为

$$T_s = \frac{T_A}{L_1} + \frac{L_1 - 1}{L_1}T_0 \tag{6.27}$$

由式(6.12)、式(6.25)和式(6.27)可见，在低噪声放大器输入端，系统的噪声温度为

$$T = T_s + T_e = \frac{T_A}{L_1} + \frac{L_1 - 1}{L_1}T_0 + T_{e2} + \frac{T_{e3}}{G_2} \tag{6.28}$$

6.2.2　干扰

1. 干扰模式

许多电信业务都使用无线电传输，所以各种业务之间的干扰可以从很多途径发生。图 6.5 所示为卫星电路和陆地站之间可能的干扰模式。图 6.5 使用了地球站和陆地站的术语，读者需要仔细注意其区别。地球站专用于卫星回路，而陆地站专用于地面微波视距回路。图 6.5 是国际电信联盟对可能的干扰模式进行的分类，具体介绍如下。

①A_1 为陆地站传输，可能引起地球站接收的干扰。

②A_2 为地球站传输，可能引起陆地站接收的干扰。

③B_1 为一个空间系统的空间站传输，可能引起另一个空间系统地球站接收的干扰。

④B_2 为一个空间系统的地球站传输，可能引起另一个空间系统空间站接收的干扰。

⑤C_1 为空间站传输，可能引起一个陆地站接收的干扰。

⑥C_2 为陆地站传输，可能引起一个空间站接收的干扰。

⑦E 为一个空间系统的空间站传输，可能引起另一个空间系统空间站接收的干扰。

⑧F 为一个空间系统的地球站传输，可能引起另一个空间系统地球站接收的干扰。

A_1、A_2、C_1 和 C_2 是空间和陆地业务之间可能的干扰模式。B_1 和 B_2 是使用独立上下行链路频带的不同空间系统站点之间可能的干扰模式，E 和 F 是对 B_1 和 B_2 的扩展，这里采用了双向频带。

无线电监管部门对最大辐射功率进行了专门限定(更严格地说，是对能量频谱密度的分布进行了限定)，目的是在大部分场合，将潜在的干扰降低到可接受的水平。但在某些情况下，仍会发生干扰，这就需要相关电信管理部门之间的协调。协调也许会要求两个管理部门去改变或调整系统的一些技术参数。

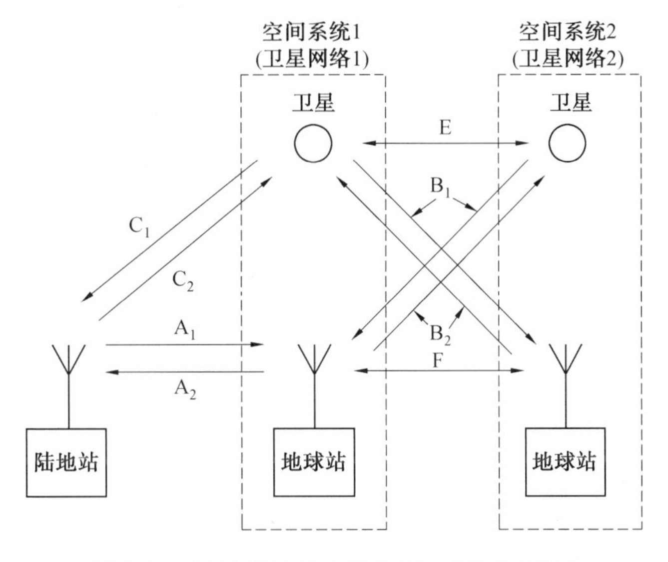

图 6.5　卫星电路和陆地站之间可能的干扰模式

对于对地静止卫星，干扰模式 B_1 和 B_2 对卫星之间的轨道间距设置了一个最低限。为

了提高对地静止轨道的容量,美国联邦通信委员会(FCC)近年授权将6 GHz/4 GHz频带上的轨道间距从4°降到2°。它对B_1和B_2干扰电平的影响将在本章后续部分给出。但读者应该注意到,由于轨道间距缩小,将会使干扰增加,这就需要提高技术手段来补偿这种干扰,虽然拥有较高级别授权的运营部门一般能够支付因此引起的费用,但对于那些仅拥有电视接收(Television Receive Only,TVRO)设备(如“家庭卫星天线”)的个别用户,他们没有资源对此进行调节控制。

干扰可以看作噪声的一种形式。作为一种噪声,则系统性能由期望功率与干扰功率的比值来决定,在这种情况下该比值表示为期望载波与干扰载波功率之比(简称载干比),用C/I来表示。控制噪声最重要的一个因素是地球站天线的辐射方向图。大直径反射器可以应用于地球站天线,从而得到窄波束宽度。例如,对于14 GHz的10 m天线,−3 dB波束宽度为0.15°。这比分配给卫星的轨道间距2°~4°要小得多。为了将C/I比和天线辐射方向图联系起来,有必要首先定义其几何形状。

地心角α和站心角β如图6.6所示,图中显示出对地静止轨道上两颗卫星相对的角度。轨道分离定义为以地心为中心的一个角α,称为地心角。但是,从位于点P的一个地球站出发,这两颗卫星将会形成一个夹角β。角β指以地面上的某点为中心(测定)的角,称为站心角。在所有和卫星干扰相关的实际情况中,站心角和地心角被认为是相等的,并且事实上这个假设将导致干扰的一个过估计。

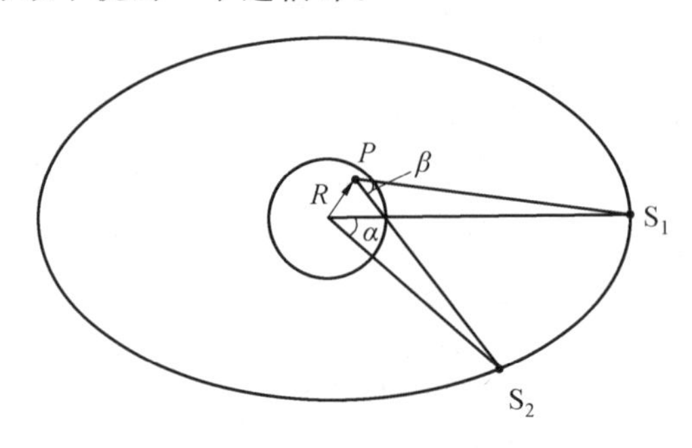

图6.6 地心角α和站心角β

现在考虑S_1是期望卫星,S_2是干扰卫星。一个位于点P的天线将使其主波束指向S_1,以角度θ偏移的旁轴分量指向S_2,假定角θ等于地心角或轨道间距角。因此,当计算天线旁瓣方向图时,将采用轨道间距角。在C频段,轨道间距角以0.5°的间隔从2°变化到4°。

轨道张角如图6.7所示,在图6.7中,受到干扰的卫星回路是从地球站A经卫星S_1到地球站B的。从卫星S_2到地球站B可能发生B_1模式的干扰,从地球站C到卫星S_1,可能发生B_2模式的干扰。总的单实体干扰是这两种模式的联合影响。因为卫星不能够携带非常大的天线反射器,波束宽度相对会宽一些,即使对所谓的点波束也是如此。如一个12 GHz的3.5 m天线的波束宽度为0.5°,该角度对应的赤道弧长为314 km。因此,在干扰计算中,地球站将会被假定位于卫星覆盖区的−3 dB等高线上。在这种情况下,不管卫星天线处于发射状态还是接收状态,在期望载波和干扰载波之间,卫星天线并不对二者在增益上的不同做区分。

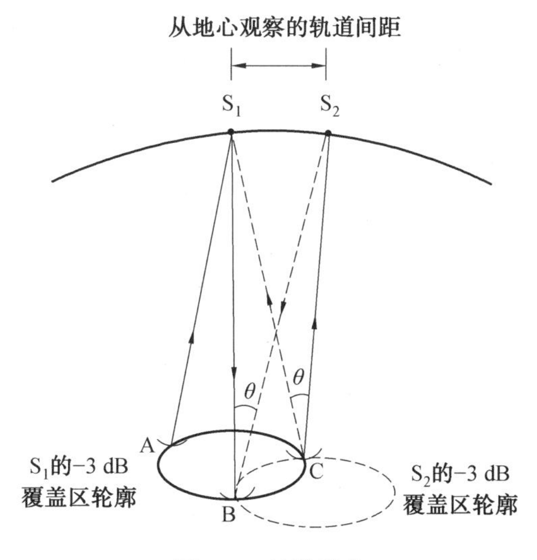

图 6.7　轨道张角

2. 下行链路载干比

地球站 B 接收的期望载波功率 $[C]$ 为

$$[C]=[\mathrm{EIRP}]_1-3+[G_\mathrm{B}]-[\mathrm{FSL}]\quad(\mathrm{dBW}) \tag{6.29}$$

式中，$[\mathrm{EIRP}]_1$ 为卫星 1 的等效全向辐射功率，单位为 dBW；−3 为卫星发射天线的 −3 dB等高线；G_B 为地球站 B 上瞄准线方向（轴上）的接收天线增益；[FSL]为以 dB 为单位的自由空间损耗。类似的公式可以用于干扰载波功率 $[I]$ 的计算，除了必须包含一个附加项 $[Y]_\mathrm{D}$（单位为 dB），用于极化鉴别。同时，地球站 B 上的接收天线增益通过偏移轴角 θ 来决定，假定两条路径的自由空间损耗相同，则

$$[I]=[\mathrm{EIRP}]_2-3+[G_\mathrm{B}(\theta)]-[\mathrm{FSL}]-[Y]_\mathrm{D} \tag{6.30}$$

式(6.29)和式(6.30)可以合并为

$$[C]-[I]=[\mathrm{EIRP}]_1-[\mathrm{EIRP}]_2+[G_\mathrm{B}]-[G_\mathrm{B}(\theta)]+[Y]_\mathrm{D} \tag{6.31}$$

或

$$\left[\frac{C}{I}\right]_\mathrm{D}=\Delta[E]+[G_\mathrm{B}]-[G_\mathrm{B}(\theta)]+[Y]_\mathrm{D} \tag{6.32}$$

式中，下标 D 用于表示下行链路；$\Delta[E]$ 是以 dB 为单位的两颗卫星[EIRP]之间的差值。

3. 上行链路载干比

上行链路可以得出和式(6.32)类似的结果，但在这种情况下，更希望采用的参数是辐射功率和天线发送增益而非两个地球站的 EIRP。把期望发送功率和干扰发送功率之间的差值以 dB 为单位记作 $\Delta[P]$，$[G_\mathrm{A}]$ 是地球站 A 点瞄准线方向的发射天线增益，$[G_\mathrm{C}(\theta)]$ 是地球站 C 点的偏移轴发射增益，则上行链路的载干比为

$$\left[\frac{C}{I}\right]_\mathrm{U}=\Delta[P]+[G_\mathrm{A}]-[G_\mathrm{C}(\theta)]+[Y]_\mathrm{U} \tag{6.33}$$

4. 上下行链路联合载干比

干扰可被认为是噪声的一种形式，假定噪声源是统计独立的，干扰功率可直接相加，

从而给出地球站 B 的总干扰。上行链路和下行链路联合载干比的倒数为

$$\left(\frac{I}{C}\right)_{\mathrm{ant}}=\left(\frac{I}{C}\right)_{\mathrm{U}}+\left(\frac{I}{C}\right)_{\mathrm{D}} \tag{6.34}$$

这里，必须采用功率比，而非分贝值，下标“ant”表示站点 B 接收天线输出处的合并比。

5. 天线增益函数

天线辐射方向图可以分成三个区域：主瓣域、旁瓣域和过渡域，其中过渡域在主瓣域和旁瓣域之间。对于干扰的计算，并不需要天线方向图的具体细节，可用一条包络曲线来代替。

图 6.8 所示为用于 FCC/OST R83－2 的地球站天线增益类型。主瓣域和过渡域的宽度取决于天线直径与工作波长的比值，图 6.8 仅用于显示大体的形状。以分贝为单位的旁瓣增益函数对不同范围的 θ 有不同定义。当以度数为单位规定时，旁瓣增益可表示为

$$[G(\theta)]=\begin{cases}29-25\log\theta, & 1^{\circ}\leqslant\theta\leqslant7^{\circ}\\ +8, & 7^{\circ}<\theta\leqslant9.2^{\circ}\\ 32-25\log\theta, & 9.2^{\circ}<\theta\leqslant48^{\circ}\\ -10, & 48^{\circ}<\theta\leqslant108^{\circ}\end{cases} \tag{6.35}$$

对于现在使用的卫星轨道间距范围，旁瓣增益函数决定了干扰电平。

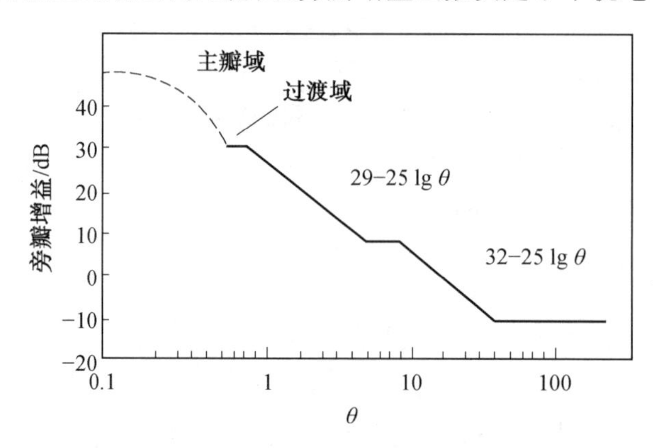

图 6.8　用于 FCC/OST R83－2 的地球站天线增益类型(Sharo，1984)

6.3　卫星通信链路的载噪比

卫星通信链路的性能用接收机输入端的载波功率与噪声功率的比值(简称载噪比)来衡量，卫星通信链路的预算也常常取决于该比值。习惯上，该比值记为 C/N(或 CNR)，它等于 $P_{\mathrm{R}}/P_{\mathrm{N}}$。$P_{\mathrm{R}}$ 为载波功率，P_{N} 为噪声功率。用分贝值表示为

$$\left[\frac{C}{N}\right]=[P_{\mathrm{R}}]-[P_{\mathrm{N}}] \tag{6.36}$$

利用式(6.4)和式(6.8)计算载波和噪声的功率，代入式(6.36)，结果为

$$\left[\frac{C}{N}\right]=[\mathrm{EIRP}]+[G_r]-[L]-[k]-[T_s]-[B_N] \tag{6.37}$$

将$[G/T]=[G_r]-[T_s]$代入式(6.37),可得

$$\left[\frac{C}{N}\right]=[\mathrm{EIRP}]+\left[\frac{G}{T}\right]-[L]-[k]-[B_N] \tag{6.38}$$

实际使用中,常常需要载波功率与噪声功率密度的比值C/N_0,由于$P_N=N_0B_N$,则

$$\left[\frac{C}{N}\right]=\left[\frac{C}{N_0B_N}\right]=\left[\frac{C}{N_0}\right]-[B_N] \tag{6.39}$$

因此

$$\left[\frac{C}{N_0}\right]=\left[\frac{C}{N}\right]+[B_N] \tag{6.40}$$

式中,$[C/N]$是以 dB 为单位的实际功率比;$[B_N]$是相对于 1 Hz 的分贝值,或表示为 dBHz。因此$[C/N_0]$的单位是 dBHz。将$[C/N]$的表达式代入,可以得到

$$\left[\frac{C}{N_0}\right]=[\mathrm{EIRP}]+\left[\frac{G}{T}\right]-[L]-[k] \quad (\mathrm{dBHz}) \tag{6.41}$$

下面分几个方面介绍链路预算的方法。

6.3.1　上行链路

一条卫星上行链路是由地球站向卫星传输信号的链路,即地球站发送信号,卫星接收信号。式(6.41)可以用于上行链路的计算,通常用下标 U 表示上行链路,这样式(6.41)就变为

$$\left[\frac{C}{N_0}\right]_U=[\mathrm{EIRP}]_U+\left[\frac{G}{T}\right]_U-[L]_U-[k] \quad (\mathrm{dBHz}) \tag{6.42}$$

有时,采用卫星接收天线的功率通量密度,而不是地球站的 EIRP 进行链路预算,这样就要对式(6.42)进行修改。

1. 饱和功率通量密度

卫星转发器的行波管放大器(TWTA)存在输出功率饱和现象,使星上 TWTA 达到饱和时,接收天线端口的功率通量密度被定义为饱和功率通量密度。功率通量密度φ_M和 EIRP 的关系为

$$\varphi_M=\frac{\mathrm{EIRP}}{4\pi r^2} \tag{6.43}$$

用分贝表示为

$$[\varphi_M]=[\mathrm{EIRP}]+10\log\frac{1}{4\pi r^2} \tag{6.44}$$

由于自由空间损耗可以表示为

$$-[I]=10\log\frac{\lambda^2}{4\pi}+10\log\frac{1}{4\pi r^2} \tag{6.45}$$

因此,有

$$[\varphi_M]=[\mathrm{EIRP}]-[I]-10\log\frac{\lambda^2}{4\pi} \tag{6.46}$$

式中，$\lambda^2/4\pi$ 实际上是各向同性天线的有效面积，记为 A_0，则

$$[A_0]=10\log\frac{\lambda^2}{4\pi} \tag{6.47}$$

结合式(6.46)并进行重新排列，可以得到

$$[\text{EIRP}]=[\varphi_{\text{M}}]+[A_0]+[I] \tag{6.48}$$

式(6.42)只考虑了自由空间传播损耗。实际还要考虑其他损耗，如大气吸收损耗、极化失配损耗和天线指向损耗。需要注意的是，天线端口处不需要考虑系统内部的馈线损耗，因此需要将馈线损耗$[L_{\text{RFL}}]$从总损耗$[L]$中减去。用下标 S 表示饱和功率通量密度，式(6.42)可改写为

$$[\text{EIRP}_{\text{S}}]=[\varphi_{\text{S}}]+[A_0]+[L]-[L_{\text{RFL}}] \tag{6.49}$$

2. 输入补偿

在星上 TWTA 有多个载波同时工作时，为减小互调失真的影响，工作点必须回退到 TWTA 传输特性的线性区。在链路预算中，必须确定需要的补偿值。

假设单载波工作时的饱和功率通量密度已知。那么根据单载波的饱和电平可以确定多载波工作时的输入补偿值。这时地球站的上行 EIRP 值，就是使转发器达到饱和功率通量密度时所需要的 EIRP_{S} 值减去补偿值(BO)，结果如下：

$$[\text{EIRP}]_{\text{U}}=[\text{EIRP}_{\text{S}}]_{\text{U}}-[\text{BO}]_{\text{i}} \tag{6.50}$$

虽然可以通过地面 TT&C 站控制转发器功率放大器的输入功率来实现输入补偿，但通常情况下是通过减少地球站实际接入转发器的 EIRP 值来实现输入补偿。

将式(6.49)和式(6.50)代入式(6.42)得

$$\left[\frac{C}{N_0}\right]_{\text{U}}=[\varphi_{\text{S}}]+[A_0]-[\text{BO}]_{\text{i}}+\left[\frac{G}{T}\right]_{\text{U}}-[k]-[L_{\text{RFL}}]\quad(\text{dBHz}) \tag{6.51}$$

3. 地球站高功放

地球站高功放的发送功率中应该包括传输馈线损耗，用$[L_{\text{TFL}}]$表示。$[L_{\text{TFL}}]$中包括高功放输出端与发射天线之间的波导、滤波器和耦合器损耗。高功放的输出功率$[P_{\text{HPA}}]$为

$$[P_{\text{HPA}}]=[\text{EIRP}]_{\text{U}}-[G_{\text{T}}]+[L_{\text{TEL}}] \tag{6.52}$$

地球站本身也可能会发送多个载波，因此其输出也需要补偿，记为$[\text{BO}]_{\text{HPA}}$。地球站的额定饱和输出功率为

$$[P_{\text{HPA}}]_{\text{S}}=[P_{\text{HPA}}]+[\text{BO}]_{\text{HPA}} \tag{6.53}$$

此时 HPA 工作于补偿功率电平点，其提供的输出功率为$[P_{\text{HPA}}]$。为了确保高功放工作于线性区，具有高饱和功率的 HPA 需要的补偿也高。如果将大尺寸、高功耗的大行波管用在卫星上，其所需要的补偿与用在地球站所需要的补偿是不一样的。另外，还必须强调，地球站需要的功率补偿与卫星转发器需要的功率补偿是完全独立的。

6.3.2 下行链路

卫星下行链路是卫星向地球站方向传输信号的链路，即卫星发送信号，地球站接收信号。用下标 D 表示下行链路，式(6.41)可变为

$$\left[\frac{C}{N_0}\right]_D = [EIRP]_D + \left[\frac{G}{T}\right]_D - [L]_D - [k] \tag{6.54}$$

当需要计算载波与噪声功率之比而不是载波与噪声功率密度之比时，假设信号带宽 B 等于噪声带宽 B_N，则式(6.38)可变为

$$\left[\frac{C}{N}\right]_D = [EIRP]_D + \left[\frac{G}{T}\right]_D - [L]_D - [k] - [B] \tag{6.55}$$

1. 输出补偿

对于卫星转发器的 TWTA，不但需要考虑输入补偿，还需要考虑星上 EIRP 的输出补偿。卫星行波管放大器的输入与输出补偿关系如图 6.9 所示，由图可知，输出补偿与输入补偿的关系不是线性的。考虑输出补偿值的经验方法如图 6.9 所示，根据输入补偿的范围，定出由工作点外推的线性区对应的输出功率下降 5 dB 的点，此点与工作点之间的输出功率差即为输出补偿。在线性区，输入补偿与输出补偿的分贝值变化比例是线性的，所以输入补偿与输出补偿之间的关系为 $[BO]_o = [BO]_i - 5$。如果饱和条件下卫星的 EIRP 定义为 $[EIRP_S]_D$，则 $[EIRP]_D = [EIRP_S]_D - [BO]_o$，并且式(6.54)可变为

$$\left[\frac{C}{N_0}\right]_D = [EIRP_S]_D - [BO]_o + \left[\frac{G}{T}\right]_D - [L]_D - [k] \tag{6.56}$$

2. 卫星 TWTA 的输出

卫星功率放大器(通常采用 TWTA)必须提供包括发送馈线损耗在内的发射功率。这些馈线损耗来自 TWTA 与卫星天线之间的波导、滤波器及耦合器。TWTA 的输出功率为

$$[P_{TWTA}] = [EIRP]_D - [G_T]_D + [L_{TFL}]_D \tag{6.57}$$

那么，一旦 $[P_{TWTA}]$ 的值确定，就可以计算 TWTA 的饱和功率输出值为

$$[P_{TWTA}]_S = [P_{TWTA}] + [BO]_o \tag{6.58}$$

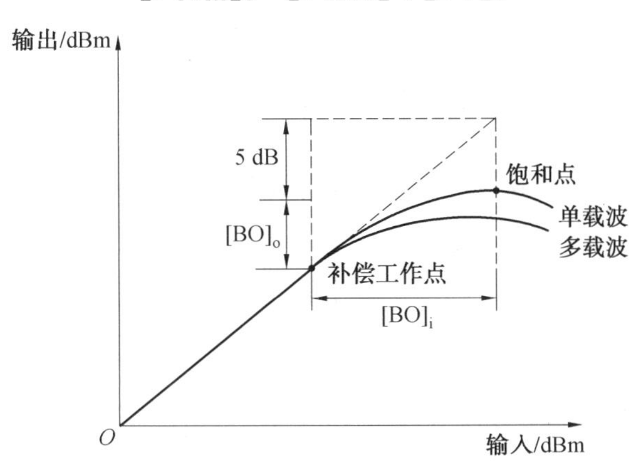

图 6.9　卫星行波管放大器的输入与输出补偿关系

6.3.3　降雨的影响

前面的计算都是指晴天的情况，也就是说没有考虑天气情况对信号强度可能产生的

影响。在C频段以及Ku频段，特别是Ku频段，降雨引起的衰减相当大。

如果地球站天线被天线罩覆盖，那么就必须考虑降雨对天线罩的影响。对于半球形的天线罩，降雨会产生一个厚度不变的水层。这个水层将产生吸收损耗和反射损耗。有研究结果表明，1 mm厚的水层所产生的损耗是14 dB。因此希望地球站天线尽量不要安装天线罩。没有天线罩时，水会聚集在反射器上，但是由此所产生的衰减远远小于由潮湿的天线罩所产生的衰减。

1. 上行链路的雨衰余量

降雨导致了信号的衰减和噪声温度的增加，结果使卫星链路两个方向的$[C/N_0]$均有所下降。对于上行链路，降雨导致的噪声温度的增加并不是主要因素，因为卫星天线的指向是"热"的地球，由此导致的卫星接收机噪声温度的增加量远远超过降雨产生的噪声。然而重要的是卫星上行链路的载波功率必须始终接近工作模式所要求的值，因此为了补偿雨衰，必须采取一些上行链路功率控制措施。卫星的输出功率可以由中心控制站监视，有时也可以由地球站监视。如果需要补偿雨衰，可以增加任何一个指定地球站的功率。这样，地球站的高功放就必须有足够的功率储备以满足补偿雨衰的要求。

2. 下行链路的雨衰余量

降雨对信号能量具有吸收和散射的作用，结果导致信号的衰减。而吸收衰减还会引入噪声。令$[A]$表示因吸收引起的降雨衰减量（单位为dB），则相应的功率损耗比为$A=10^{[A]/10}$，用此式代替式(6.23)中的L，可以得到由降雨引起的等效噪声温度为

$$T_{\text{rain}}=\frac{(L-1)T_{\text{a}}}{L}=T_{\text{a}}\left(1-\frac{1}{A}\right) \tag{6.59}$$

式中，T_{a}为视在吸收温度。这是一个测量参数，它是许多因素的函数，这些因素包括降雨的物理温度以及热噪声入射到雨滴上的散射效果。视在吸收温度的值介于270～290 K之间。

总的天空噪声温度是晴天温度和降雨温度之和。可见，降雨会通过衰减载波功率和增加天空噪声温度使接收的$[C/N_0]$恶化。

6.3.4 合成的上行链路和下行链路载噪比

一条完整的卫星链路包括一条上行链路和一条下行链路，如图6.10(a)所示。在上行链路卫星接收机的输入端引入噪声。将单位频带内的噪声功率记为P_{NU}，那么上行链路的载噪比为$(C/N_0)_{\text{U}}=(P_{\text{RU}}/P_{\text{NU}})$。注意，这里使用的是功率电平值而不是分贝值。

卫星链路末端的载波功率记为P_{R}，显然这也是下行链路的接收载波功率。它等于γ倍的卫星输入的载波功率，γ是从卫星输入端到地球站输入端的系统功率增益，参见图6.10(a)，其中包括卫星转发器的增益，下行链路的损耗，地球站接收天线增益和馈线损耗。

卫星输入端的噪声乘以γ后到达地球站输入端，除此之外，地球站还有自己产生的噪声功率，记为P_{ND}，因此链路终点的噪声功率为$\gamma P_{\text{NU}}+P_{\text{ND}}$。

在地球站接收机端得到的合成C/N_0等于$P_{\text{R}}/(\gamma P_{\text{ND}}+P_{\text{ND}})$，功率流向图如图

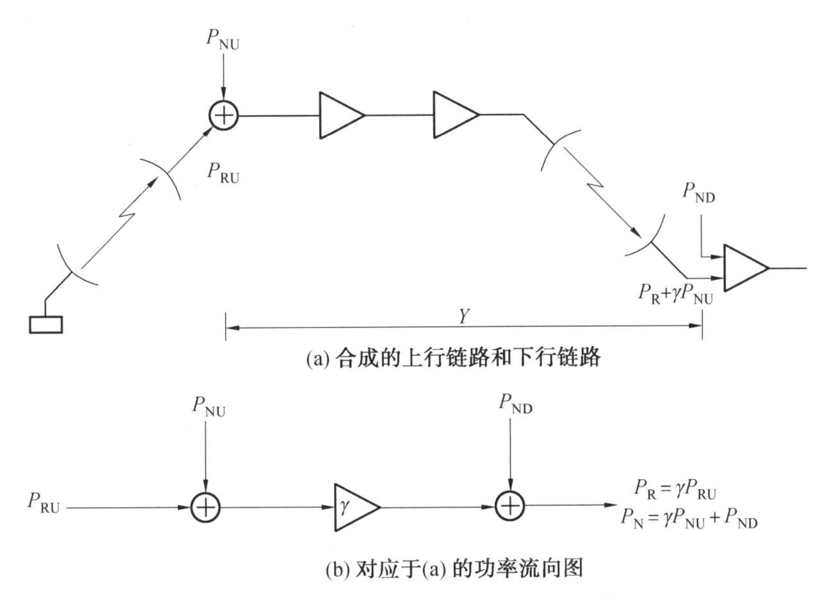

图 6.10　卫星的上行链路、下行链路和信号传输示意图

6.10(b)所示。合成载噪比仅由单个的链路值决定。为了证明这一点,采用噪声与载波功率比来说明。注意,这里采用的是功率比,而不是分贝值。将合成噪载比记为 N_0/C,上行链路噪载比记为$(N_0/C)_U$,下行链路的噪载比记为$(N_0/C)_D$,则有

$$\frac{N_0}{C}=\frac{P_N}{P_R}=\frac{\gamma P_{NU}+P_{ND}}{P_R}=\frac{\gamma P_{NU}}{P_R}+\frac{P_{ND}}{P_R}=\frac{\gamma P_{NU}}{\gamma P_{RU}}+\frac{P_{ND}}{P_R}=\left(\frac{N_0}{C}\right)_U+\left(\frac{N_0}{C}\right)_D \tag{6.60}$$

式(6.60)表明,为了得到整个卫星传输链路的合成 C/N_0 值,必须计算每个分量的倒数之和以获得 N_0/C,而 N_0/C 的倒数就是 C/N_0。换一个角度看,采用这种求倒数和的倒数的方法,是因为系统传输信号的功率只经过放大或衰减,而各个环节的噪声功率却以相加的形式出现。

6.3.5　互调噪声

当多个载波信号通过非线性器件时就会产生互相调制现象。在卫星通信系统中,卫星的行波管高功率放大器也会产生这种互调现象。幅度和相位的非线性都会导致互调产生。

互调影响较严重的是三阶互调,互调产生的信号频谱落入邻近的载波频率中,结果就引起干扰。如果存在大量的已调载波,则互调产物将无法被单独分隔开来,从而成为一种噪声,称为互调噪声。

通常根据经验确定载波与互调噪声之比,在某些情况下,也可以借助计算机仿真确定。将互调噪声记为$(C/N)_{IM}$,则式(6.60)可扩展为

$$\frac{N_0}{C}=\left(\frac{N_0}{C}\right)_U+\left(\frac{N_0}{C}\right)_D+\left(\frac{N_0}{C}\right)_{IM} \tag{6.61}$$

为了减小互调噪声,行波管(Travelling Wave Tube,TWT)必须工作于前面所描述的补偿状态,图 6.11 所示为典型 TWT 中的互调特性,图中给出了当输入补偿增加的时候

$[C/N_0]_{IM}$的改善情况。补偿增加的同时，$[C/N_0]_U$ 和$[C/N_0]_D$ 都在减小。结果是总信噪比在最佳工作点达到最大值。图 6.12 所示为输入补偿变化时的载波与噪声功率密度比，它是以 TWT 的输入为函数的$[C/N_0]$值的变化图。TWT 的输入是$[\varphi]_S-[BO]_i$。因此根据式(6.51)画出的是一条直线，而根据式(6.56)画出的曲线则反映了 TWT 特性随输出补偿$[BO]_o$变化的弯曲程度，产生弯曲的原因是输出补偿与输入补偿之间具有非线性的关系。要准确预测互调曲线是比较困难的，通常只能给出大体的趋势。图 6.12 中还画出了由式(6.61)计算的$[C/N_0]$曲线，并将曲线的峰值点定义为最佳工作点。

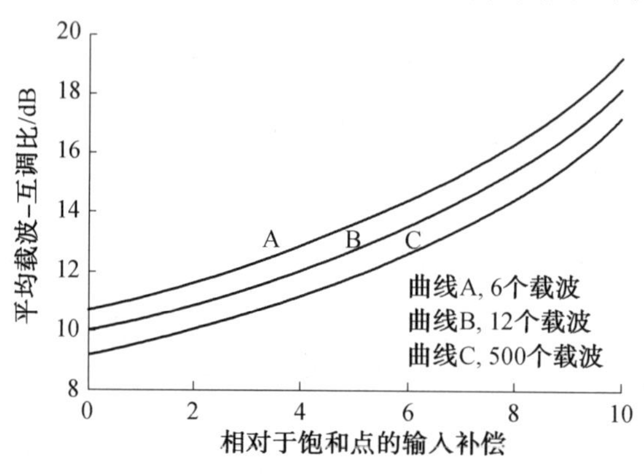

图 6.11　典型 TWT 中的互调特性

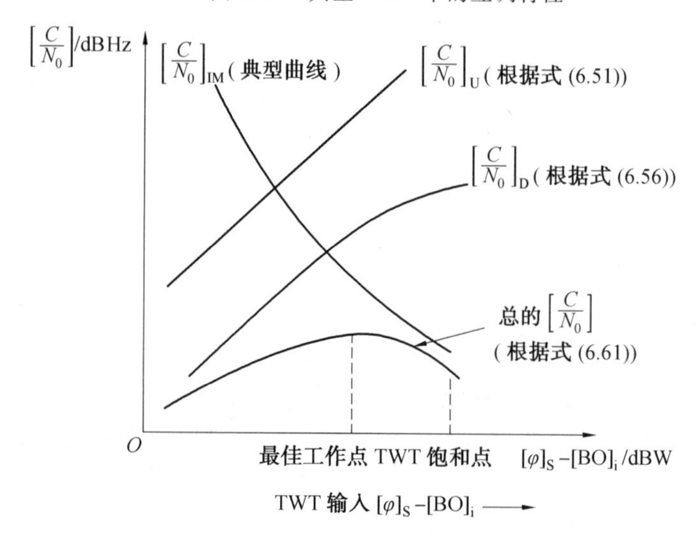

图 6.12　输入补偿变化时的载波与噪声功率密度比

6.4　卫星通信系统链路设计与计算

卫星通信系统的基本任务是将信息按照用户的要求传送到目的地，为此需要对卫星通信线路进行设计和计算，以满足用户对服务质量的要求。

6.4.1　卫星通信系统线路设计步骤

一个单向卫星通信系统线路的设计可按以下几个步骤来完成，反向线路的设计也遵循相同的步骤。

(1)确定卫星通信系统工作的频段。

(2)确定卫星通信系统的参数，估计所有未知的值。

(3)确定发送和接收地球站的参数。

(4)从发送地球站开始，设计一个上行链路的各部分参数，确定卫星接收系统的参数，给出上行链路性能的预算$[C/N]_U$。

(5)根据上行链路的性能预算，得出卫星下行转发的输出功率。

(6)根据接收地球站的参数，设计计算下行链路的传输信号功率和系统噪声，得出在卫星通信波束覆盖边缘处(最坏的情况)地球站的$[C/N]_D$。

(7)计算卫星通信链路总的C/N，求出线路的余量，根据系统设计要求进一步优化。

6.4.2　模拟卫星通信线路的设计与计算

1. 频偏

在频率调制(Frequency Modulation，FM)卫星通信系统中，为了便于调整和测试卫星通信线路的性能和进行线路转接，基带部分要发送一个单音信号(测试信号)。该信号频率称为测试音频率，用f_r表示。f_r随话路数量的不同而异，一般按$f_r=0.608F_m$来选取。其中，F_m是基带信号的最高频率，例如 24 路时，$F_m=108$ kHz。F_m乘 0.608 正好是预加重和去加重特性曲线通过0 dB这点时的频率。即在这一点预加重时，对线路性能(如频偏)无影响，从而使测试更加简便。不同话路数的测试音频率及 FM 波频偏见表 6.1。

表 6.1　不同话路数的测试音频率及 FM 波频偏

路数	f_r/kHz	Δf_r/kHz	Δf_σ/kHz	Δf_p/kHz
24	65.66	164	275	870
60	153.2	270	546	1 720
96	248.1	360	799	2 530
132	335.6	430	1 020	3 200
252	639.6	577	1 627	5 150
432	1 092	729	2 688	550
972	2 449	802	4 417	14 180

在 FM 卫星通信系统中，通常使用的调频波频偏有三种。

(1)测试音有效值频偏为Δf_r。

(2)多路电话信号产生的有效频偏为Δf_σ。

(3)多路电话信号产生的最大频偏为Δf_p。

测试音有效值频偏是指在多路电话信号相对电平为 0 dB 点送 1 MW 测试音信号时，

频率调制器输出端所产生的有效值频偏。由于不同路数的 f_r 不同，所以其有效值频偏 Δf_r 也不同。

由于调制信号的功率与其电平的平方成正比，而调制信号频偏的平方与调制信号的功率也成正比，因此，下述关系成立：

$$\Delta f_\sigma^2 : \Delta f_r^2 = P_n : P_r \tag{6.62}$$

式中，P_n 为多路电话信号的平均功率；P_r 为测试音功率。通常把$[P_n/P_r]$称为负载电平 L，即

$$L = 10\lg \frac{P_n}{P_r} = 10\lg l^2 \tag{6.63}$$

式中，$l=\sqrt{P_n/P_r}$ 称为负载因数。

国际无线电咨询委员会(International Radio Consultative Committee，CCIR)建议采用如下经验公式计算 L：

$$L = 20\lg l = \begin{cases} -1+4\lg n & (12 \leqslant n < 240) \\ -15+10\lg n & (n \geqslant 240) \\ 3.071\lg n & (n < 12) \end{cases} \tag{6.64}$$

由式(6.62)和式(6.63)，可以得出多路电话信号的有效值频偏为

$$\Delta f_\sigma = l \Delta f_r \tag{6.65}$$

又因为多路电话信号的峰值频偏的平方与峰值功率成正比，故峰值功率为

$$P_p = pP_n \tag{6.66}$$

式中，p 为峰值因数，它与传输语音信号的话路数有关。

在实际工程中，通常取$[p]=10\sim13$ dB，相当于 $p=3.16\sim4.45$。话路数增多，p 变小。通常在决定与门限余量有关的地球站接收带宽时，若话路数相当多，则不论话路数为多少，一律取 $p=10$ dB。当决定载波频率分配时，为计算各载波所占带宽，不论路数多少，一律取 $p=13$ dB。但话路数很少时，若接近 24 路，则选取 p 大一些。由此可以得到多路电话信号产生的峰值频偏为

$$\Delta f_p = pl\Delta f_r \tag{6.67}$$

2. 多路电话调频信号的射频传输带宽

FM 信号的频谱带宽 B(或系统传输带宽)可以根据卡森公式计算求得，即

$$B = 2(\beta_{FM}+1)F_m = 2(\Delta f_p + F_m) \tag{6.68}$$

式中，Δf_p 为调制信号产生的最大频偏；F_m 为调制信号的最高频率。

对于多路电话调频，由于 $\Delta f_p = pl\Delta f_r$，故

$$B = 2(\Delta f_p + F_m) = 2(p\Delta f_\sigma + F_m) = 2(pl\Delta f_r + F_m) \tag{6.69}$$

3. 噪声分配

标准模拟线路的噪声应包括上行线路热噪声、下行线路热噪声、地球站收发设备热噪声、转发器互调噪声及来自地面微波系统的干扰噪声等。由于卫星线路设计的主要目的就是选择各种传输参数来抑制卫星线路的噪声，因此，在设计前必须对噪声允许值进行分配。通常上行线路噪声分配为 500～1 500 pW，互调噪声一般规定为 1 500～2 500 pW；

下行线路分配噪声占的比例较大，一般为 3 000～5 000 pW。这样，上行、下行和互调三部分噪声合在一起为 6 500～8 000 pW。

4. FDM/FM 传输方式的信噪比

频分复用/频率调制（Frequency Division Multiplexing/Frequency Modulation，FDM/FM）传输方式通常采用下面的工程计算公式来计算 S_0/N_0。

$$\left[\frac{S_0}{N_0}\right]=\left[\frac{C}{T}\right]_T\frac{1}{kb}\left(\frac{\Delta f_r}{F_m}\right)^2=\left[\frac{C}{N}\right]\frac{B}{b}\left(\frac{\Delta f_r}{F_m}\right)^2 \tag{6.70}$$

式中，S_0/N_0 为最高载波调制话路的解调器输出信噪比；$[C/T]_T$、$[C/N]$为输入到接收机的载噪比；b 为每话路带宽，取 $b=3.1$ kHz；B 为接收机通带，通常与 FM 信号频谱宽度 B 相等；k 为玻尔兹曼常数。

当考虑到话路输出信噪比 S_0/N_0 时，由人耳的频响特性而有 2.5 dB 的加权增益，以及由预加重和去加重特性又有 4 dB 的加重增益（指高端话路），故最高载波调制话路的输出信噪比以分贝表示时，可得

$$\begin{aligned}\left[\frac{S_0}{N_0}\right]_T&=\left[\frac{C}{T}\right]_T+[k]-[b]+20\lg\frac{\Delta f_r}{F_m}+2.5+4\\&=\left[\frac{C}{T}\right]_T+228.6-10\lg 3\,100+20\lg\frac{\Delta f_r}{F_m}+6.5\\&=\left[\frac{C}{T}\right]_T+20\lg\frac{\Delta f_r}{F_m}+200.2\end{aligned} \tag{6.71}$$

式中，$k=1.38\times10^{-23}$ J/K；$10\lg k=-228.6$ dBW/(K·Hz)。

5. SCPC－FM 传输方式的信噪比

在单路单载波－频率调制（Single Chonnel Per Carrier－Frequency Modulation，SCPC－FM）传输方式中，由于传输的信号只是一路语音，因此相对带宽较大，传输频带内 FM 噪声分布不均匀，故 S_0/N_0 可采用下式计算：

$$\frac{S_0}{N_0}=\left[\frac{C}{T}\right]_T\frac{1}{k}\frac{3\Delta f_r^2}{F_H^3-F_L^3} \tag{6.72}$$

式中，F_H 为语音最高频率（3 400 Hz）；F_L 为语音最低频率（300 Hz）。S_0/N_0 用分贝表示时为

$$\left[\frac{S_0}{N_0}\right]=\left[\frac{C}{T}\right]_T+228.6+10\lg\frac{3\Delta f_r^2}{3\,400^3-300^3}+6+2.5 \tag{6.73}$$

式中，加重获得的改善量为 6 dB；噪声加权因数为 2.5 dB。当 Δf_r 改用 kHz 为单位时，式(6.72)可写为

$$\left[\frac{S_0}{N_0}\right]=\left[\frac{C}{T}\right]_T+20\lg\Delta f_r+195.9 \tag{6.74}$$

这里应该指出，式(6.74)中的$[C/T]$是话路输出信噪比 S_0/N_0 为要求值时所对应的 C/T 值。在 SCPC－FM 系统中一般采用锁相式门限扩展解调器，其门限值一般取 $[C/T]_{TH}=6\sim7$ dB。这时应根据门限扩展解调器的噪声带宽（B_n）计算门限电平点的 $[C/T]_{TH}$，即

$$\left[\frac{C}{T}\right]_{\mathrm{TH}}=\left[\frac{C}{N}\right]_{\mathrm{TH}}+10\lg B_{\mathrm{n}}-228.6$$
$$=10\lg B_{\mathrm{n}}+7-228.6$$
$$=10\lg B_{\mathrm{n}}-221.6 \quad (6.75)$$

式中，取$\left[\frac{C}{T}\right]_{\mathrm{TH}}=7$ dB；B_{n} 可按下列经验公式计算

$$B_{\mathrm{n}}=5.85\left[\frac{F_{\mathrm{H}}^{5}-F_{\mathrm{L}}^{5}}{F_{\mathrm{H}}^{3}-F_{\mathrm{L}}^{3}}\Delta f_{\sigma}^{2}\right]^{1/4} \quad (6.76)$$

将 F_{H}、F_{L} 的值代入式(6.75)，经整理后可写为

$$\left[\frac{C}{T}\right]_{\mathrm{TH}}=5\lg \Delta f_{\sigma}-181.3\ (\mathrm{dBW/K}) \quad (6.77)$$

同时，还要注意在 SCPC－FM 方式中，一般都采用音节压缩扩展器使传播噪声大幅度地减小。在确定必要的 S_0/N_0 时，应考虑压扩器有 15～20 dB 的改善量。

6.4.3 TDMA 数字卫星通信线路的设计与计算

目前国际卫星通信组织暂定保证误码率达到 $P_{\mathrm{e}}=10^{-4}$ 作为线路标准，这和 FM 模拟线路噪声为 50 000 pW 的情况相对应。下面介绍主要通信参数的确定。

在接收数字信号时，载波接收功率与噪声功率之比 C/N 可以写成

$$\left[\frac{C}{T}\right]_{\mathrm{T}}=\frac{E_{\mathrm{b}}R_{\mathrm{b}}}{n_0 B}=\frac{E_{\mathrm{s}}R_{\mathrm{s}}}{n_0 B}=\frac{(E_{\mathrm{b}}\log_2 M)R_{\mathrm{s}}}{n_0 B} \quad (6.78)$$

式中，E_{b} 为每单位比特信息能量；E_{s} 为每个数字波形能量，对于 M 进制，则有 $E_{\mathrm{s}}=E_{\mathrm{b}}\log_2 M$；$R_{\mathrm{s}}$ 为符号传输速率(波特率)；R_{b} 为比特速率，且 $R_{\mathrm{b}}=R_{\mathrm{s}}\log_2 M$；$B$ 为接收系统等效带宽；n_0 为单边噪声功率谱密度。

对于二进制相移键控(Binary Phase Shift Keying，BPSK)或正交相移键控(Quadrature Phase Shift Keying，QPSK)而言，误码率为

$$P_{\mathrm{e}}=\frac{1}{2}\left[1-\mathrm{erf}\sqrt{\frac{E_{\mathrm{b}}}{n_0}}\right] \quad (6.79)$$

当 $P_{\mathrm{e}}=10^{-4}$ 时，则归一化理想门限信噪比为

$$\left[\frac{E_{\mathrm{b}}}{n_0}\right]_{\mathrm{TH}}=8.4\ (\mathrm{dB}) \quad (6.80)$$

$$\left[\frac{C}{T}\right]_{\mathrm{TH}}=\left[\frac{E_{\mathrm{b}}}{n_0}\right]+10\lg k+10\lg R_{\mathrm{b}} \quad (6.81)$$

当仅考虑系统热噪声时，为保证误码率达到 $P_{\mathrm{e}}=10^{-4}$，必需的理想门限归一化信噪比为 8.4 dB，则门限余量 E 为

$$E=\left[\frac{C}{N}\right]_{\mathrm{T}}-\left[\frac{C}{N}\right]_{\mathrm{TH}}=\left[\frac{E_{\mathrm{b}}}{n_0}\right]-\left[\frac{E_{\mathrm{b}}}{n_0}\right]_{\mathrm{TH}}=\left[\frac{E_{\mathrm{b}}}{n_0}\right]-8.4\ (\mathrm{dB}) \quad (6.82)$$

考虑到 TDMA 地球站接收系统和卫星转发器等设备特性不完善所引起的性能恶化，必须采取门限余量作为保证措施。

接收系统的频带特性是根据误码率最小的原则设定的。根据奈奎斯特速率准则，在频带宽度为 B 的理想信道中，无码间串扰时码字的极限传输速率为 $2B$ 波特。由于 PSK

信号具有对称的两个边带，其频带宽度为基带信号频带宽度的 2 倍，因此，为了实现对 PSK 信号的理想解调，系统理想带宽应等于符号传输速率（波特率）R_s。但从减小码间干扰的角度出发，一般要求选取较大的频带宽度。取最佳带宽为

$$B=(1.05\sim1.25)R_s=\frac{(1.05\sim1.25)R_b}{\log_2 M} \tag{6.83}$$

为了满足传输速率和误码率要求所需的值，将式(6.78)中$[C/T]_T$用$[C/N]_T$表示，则

$$\left[\frac{C}{N}\right]_T=\left[\frac{C}{N}\right]_T kB=\frac{E_b}{n_0}kR_b \tag{6.84}$$

用分贝表示为

$$\left[\frac{C}{N}\right]_T=\left[\frac{E_b}{n_0}\right]+10\lg k+10\lg R_b \tag{6.85}$$

本章参考文献

[1] 张乃通，张中兆，李英涛，等. 卫星移动通信系统[M]. 2 版. 北京：电子工业出版社，2000.

[2] 张更新，张杭. 卫星移动通信系统[M]. 北京：人民邮电出版社，2001.

[3] DODOY D. Satellite Communications[M]. 3 版. 北京：清华大学出版社，2003.

第7章 卫星通信多址接入技术

7.1 概　　述

卫星通信的一个基本特点是，处在一颗通信卫星波束覆盖区内的所有地球站都能从卫星接收信号，也都能向卫星发射信号，即具有多址接入能力或多点一多点通信能力。卫星通信多址接入技术是指卫星通信系统内多个地面站以何种方式接入卫星并从卫星接入信号。多址接入能力是卫星通信的一个优点，但如果对地球站接入卫星的能力不加任何限制，则可能会使优点变成缺点。因为，如果有多个地球站同时以相同的方式接入卫星，则势必会在卫星上发生信号碰撞，造成这些信号都不能被正确地接收，因此，必须要控制地球站对卫星的接入，使得不同地球站的发射信号不会在卫星上完全重叠，同时，又能让接收地球站从卫星转发下来的所有信号中识别出发给本站的信号。本章主要介绍卫星通信系统中常用的四种多址接入技术。

7.2 概念与内涵

在具体介绍多址技术之前，先比较多路复用和多址技术两个基本概念。多路复用和多址技术的理论都是信号的正交分割原理，图7.1所示为多路复用与多址技术的概念与比较。多路复用是指一个地球站(用户终端)内的多路低频信号在基带信道上的复用，以达到两个地球站(用户终端)之间双边点对点的通信。多址技术是指多个地球站(用户终端)发射的信号在射频信道上的复用，以达到各地球站(用户终端)之间同一时间、同一方向的用户间的多边通信。

多址接入技术首先要解决的问题是尽可能灵活地把网络内所有用户通过卫星互连起来，同时要尽量有效地利用卫星的频率和功率资源。另外，还需要考虑到系统对业务类型和网络扩容的灵活性、对不同业务类型的适应能力、经济性、地球站的复杂度、系统的安全保密性等问题。实现多址接入的技术基础是信号分割，也就是在发送端要进行恰当的信号设计，使系统中各地球站所发射的信号有所差别；而各地球站接收端则具有信号识别能力，能从混合着的信号中选择出本站所需的信号。

一个无线电信号可以用若干参量来表征，最基本的是载波频率、出现的时间和所处的空间。信号之间的差别可集中反映在上述信号参量之间的差别上。在卫星通信中，信号

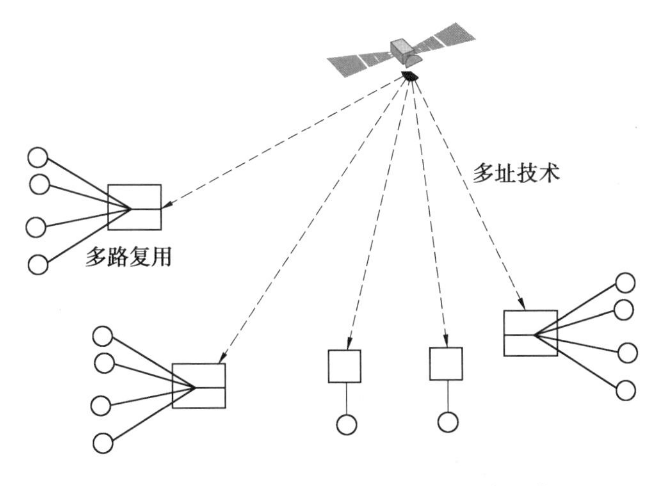

图 7.1　多路复用与多址技术的概念与比较

的分割和识别可以利用信号的任一种参量来实现。图 7.2 所示为由频率、时间和空间组成的三维坐标系来表示的多址立方体，或者说信号的分割原则。

如果信号是如图 7.2(a)所示那样以频率为参量来进行分割而在时间和空间上不分割，则所有地球站的发射信号在频率上是互不重叠的，接收站根据频率来接收属于自己的信号，这就是频分多址(FDMA)接入。

如果信号是如图 7.2(b)所示那样以时间为参量来进行分割而在频率和空间上不分割，则所有地球站的发射信号在时间上是互不重叠的，接收站根据时间来接收属于自己的信号，这就是时分多址(TDMA)接入。

如果信号是如图 7.2(c)所示那样以空间为参量来进行分割而在频率和时间上不分割，则所有地球站的发射信号在空间上是互不重叠的，接收站根据空间来接收属于自己的信号，这就是空分多址(Space Division Multiple Access，SDMA)接入。

除了频率、时间和空间外，还可利用波形、码型等复杂参量的分割来实现多址访问。其中的码分多址(CDMA)接入就是各站用各不相同的、相互正交或准正交的地址码分别调制各自要发送的信号，而在频率、时间和空间上不做分割，如图 7.3 所示。

除了常用的 FDMA、TDMA、SDMA 和 CDMA 外，还有这几种多址访问方式相结合后得到的其他多址访问方式，如 FDMA 和 TDMA 结合后得到的多载波 TDMA(Multiple Carrier Time Division Multiple Access，MC－TDMA)、SDMA 和 FDMA、TDMA 结合后得到的卫星交换 FDMA(Satellite Switch Frequency Division Multiple Access，SS－FDMA)和卫星交换 TDMA(Satellite Switch Time Division Multiple Access，SS－TDMA)等。

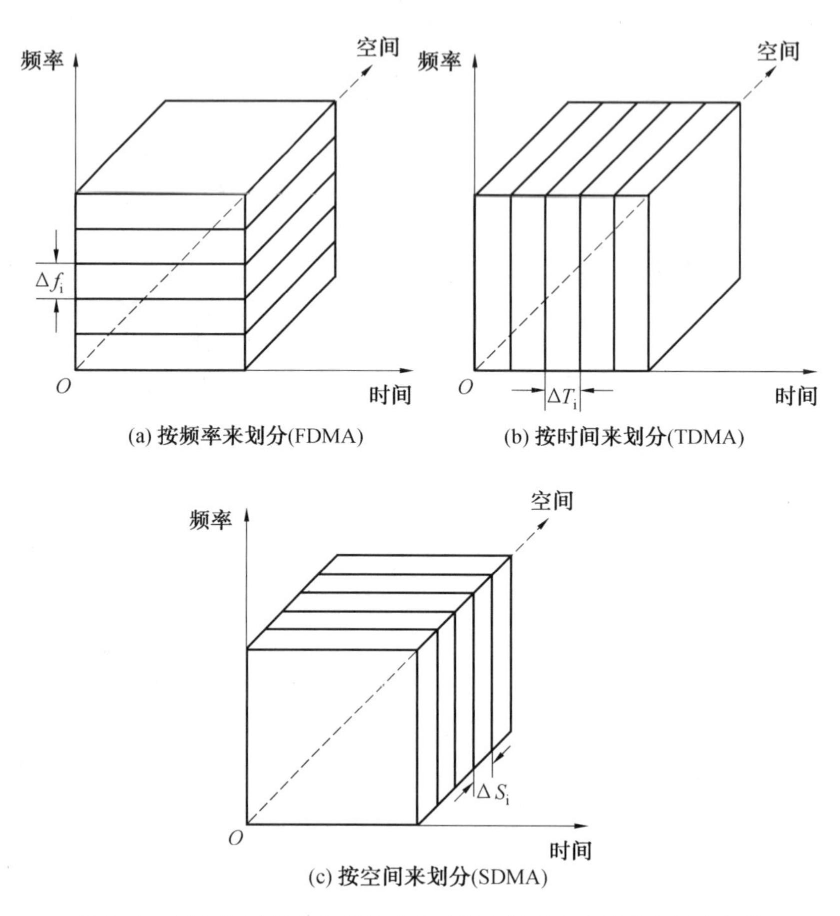

图 7.2 由频率、时间和空间组成的三维坐标系来表示的多址立方体

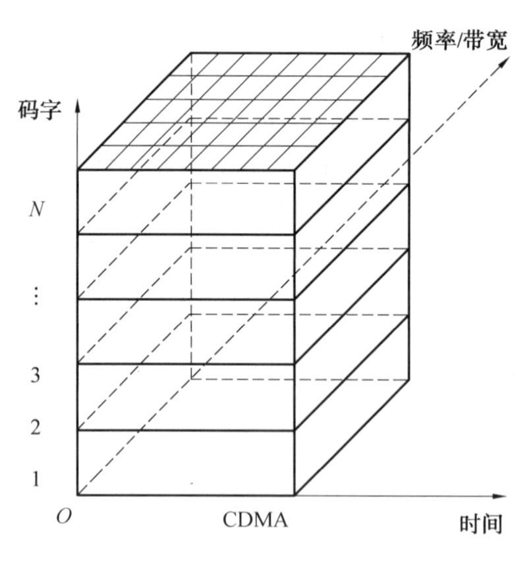

图 7.3 CDMA 多址接入方式

7.3　频分多址接入

频分多址(FDMA)接入是一种比较简单的多址接入方式,需要的系统技术和硬件与地面微波系统采用的基本相同,因此,它是在卫星通信中最早使用的多址方式。

在 FDMA 中,分配的频带被分割为若干段,然后根据各站的业务状况分配相应的频率段。图 7.4 所示为 FDMA 卫星通信系统基本工作模型。一组地球站发送的上行链路载波同时由一颗卫星转发到不同的下行链路地球站,每个上行链路载波在卫星可用频带内分配一定的带宽,卫星(认为采用透明转发器)只进行频率的变换,接收地球站通过将其接收机调谐到一个特定的下行链路频率,来接收相应上行链路地球站的发射载波。由于下行链路上同时存在许多载波,因此,接收地球站要进行滤波以便把真正发给本站的载波分辨出来,而把发给其他站的载波滤掉。为了保证滤波器在滤波过程中既能把相邻的其他站载波滤除掉(否则会引起邻道干扰),又不损伤本站应接收的信号,在 FDMA 方式中,通常在相邻载波之间都设置有一定的保护带。保护带大小除了与收发地球站载波频率的准确度和稳定度有关外,还与相邻信号之间的最大多普勒频移之差有关。对于 FDMA 方式,设置的保护带应大于任何载波信号相对于其标称频率的最大漂移值。在固定卫星通信中,这个频率漂移值主要取决于地球站频率源的准确度和稳定度,而在卫星移动通信中,多普勒频移占据了主导地位。

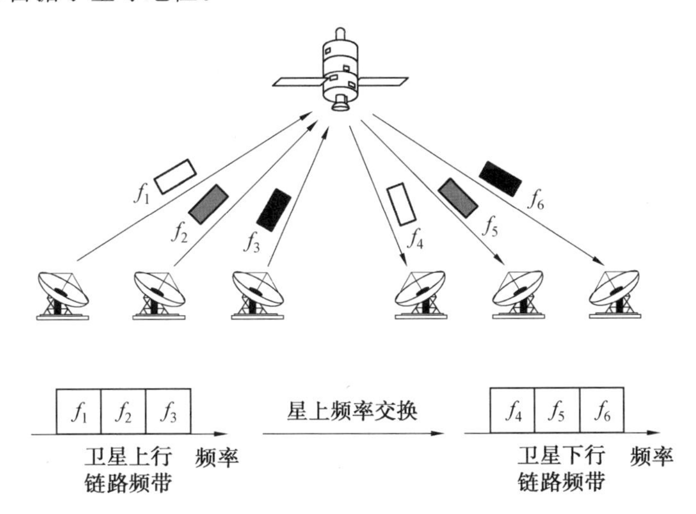

图 7.4　FDMA 卫星通信系统基本工作模型

在 FDMA 系统中,每个载波都是相对独立的,可以采用独立的调制方式、基带信号形式、编码方式、信息速率及占用带宽等而不必考虑其他载波采用什么方式,只要它们在频谱上不与本载波重叠即可。根据每个地球站在其发送载波中是否采用复用技术,而将 FDMA 分为每载波多路信道的 FDMA(MC－FDMA)和单路单载波的 FDMA(Single Channel Per Carrier Frequency Division Multiple Access,SCPC－FDMA)两大类。

7.3.1 每载波多路信道的 FDMA

以发送地球站 A 和接收地球站 B 为例，图 7.5 所示为采用 MCPC－FDMA 方式的系统的工作原理图。发送地球站 A 先把从地面通信网接收到的分别去往地球站 B、C 和 D 的 n 路基带数据进行基带复用，得到按接收站归类复用的基带复用频谱，然后进行调制、上变频后，在分配给 A 站的射频频谱 B_A 中发送出去。由于卫星是由许多站同时以 FDMA 方式共享的，卫星上通常同时存在许多个频谱互不重叠的载波，经过卫星合路、变频、放大后，转发到下行链路，因此，下行链路信号中同时存在许多条载波，为防止相互干扰，相邻载波之间设有一定的保护频带。接收地球站 B 通过调谐中频滤波器中心频率到地球站 A 的发射载波(对应卫星合路后频谱中的频谱 B_A 部分)的中心频率来接收地球站 A 发给本站的信息，通过中频滤波后，只有 A 站的发射信号送到解调器，解调后得到一个由 A 站发往 B、C、D 三站的基带复用信号，由于 B 站只接收属于自己的信号，为此，还需要一个基带滤波器来从基带复用频谱中滤出 A 站发给本站的信号，由于此基带频谱也是多路信号复用后的，因此，还需要一个基带去复用器把多路信号分开，之后各路基带信号才能独立送往地面通信网。以上便是两个地球站以 MCPC－FDMA 方式工作的过程。

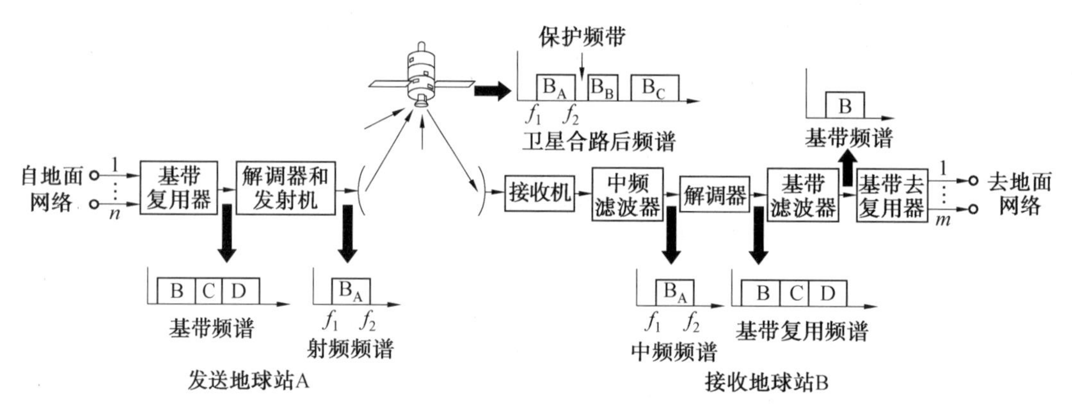

图 7.5 采用 MCPC－FDMA 方式的系统工作原理图

对于采用 MCPC－FDMA 方式的系统，接收地球站中的每个基带滤波器都对应一个特定的发送地球站，信道容量的任何改变都要求对此滤波器进行重新调谐，比较难适应业务量的改变，因此，MCPC 使用不太灵活，主要用于业务量比较大、通信对象相对固定的点一点(点一多点)干线通信。根据采用的基带信号类型，MCPC 还可进一步分为以下两种。

①FDM/FM/FDMA，把多路模拟基带信号采用频分复用方式合路后，调频到一个载波，然后以 FDMA 方式发射和接收。

②TDM/PSK/FDMA，把多路数字基带信号采用时分复用方式合路后，用 PSK 方式调制到一个载波，再以 FDMA 方式发射和接收。

7.3.2 每载波单路信道的 FDMA

对于业务量比较小的地球站(如同时通信的路数最多只有几条甚至 1 条)，采用

MCPC 显然会造成频带的浪费，这时采用每载波单路信道的 FDMA（SCPC－FDMA）方式是比较合适的。

在 SCPC 系统中，每个载波中只有一路信号。对比图 7.5 给出的 MCPC 工作原理图，SCPC 工作过程的不同之处主要表现在没有基带复用、基带滤波和基带去复用这三部分。在 SCPC 系统中，发射地球站为每路信号进行调制、变频、放大后以一条独立载波发射出去，接收地球站解调后就可交给地面通信网，接收站中频滤波器的工作原理与 MCPC 的一样。

由于 SCPC 方式主要用于稀路由应用环境（站多、每站业务量小），一个站的业务量很小，因此，若还像 MCPC 方式那样固定分配载波，则必然会造成频带利用率的下降。可以举一个例子来说明，若全网有 100 个站，并且任意两个站之间每天至少通信一次，则全网至少需要 99×100/2＝4 950 条载波，而每条载波在每天可能只使用一次，显然，此系统的频带利用率太低。所以，SCPC 系统的信道分配不再像 MCPC 方式那样是固定的，而是按申请分配的，即用户有通信要求时才申请使用一条信道，使用完毕后再归还分配的信道。

SCPC 允许任何地球站之间直接通过卫星信道进行通信，网络扩展比较方便；其缺点是每路信道需要一个调制解调器（modem），还需要保护频带，当一个地球站有多条信道但并不是同时工作时，其功放就不能工作在最大输出功率上，所以地面站的成本相对较高，设备利用率较低，对卫星转发器的频带利用率也较低。

7.3.3　频分多址接入技术的优缺点

FDMA 的优点：①技术成熟、实现简单、成本较低；②不需要网络定时；③对每个载波采用的基带信号类型、调制方式、编码方式、载波信息速率及占用带宽等均没有限制。

FDMA 的缺点：①由于转发器的非线性，多载波工作时会产生互调噪声，若为减少互调噪声，而要求转发器远离饱和区工作，这就无法充分利用卫星的功率资源，从而造成系统容量的下降；②对于 MCPC－FDMA 方式，信道分配不灵活，业务较闲时频带利用较低，大载波会对小载波产生“抑制”的现象；③需要上行链路功率控制以维持所有链路的通信质量；④需要设置足够宽的保护带，造成频带利用率下降。

7.4　时分多址接入

在时分多址（TDMA）接入系统中，某个时刻转发器（或某一频率段）中通常只有一条 TDMA 载波，每个上行链路地球站被分配在一个预先规定好的时间段内发送信号，在该时间段内，卫星的功率和频率资源均由该地球站发射的上行链路载波使用。由于没有其他载波在该时隙内同时使用卫星，因此，不存在互调和大载波抑制小载波的现象，卫星的功放可以工作在饱和区，从而能得到最大的卫星输出功率。然而，由于 TDMA 系统中所有上行链路地球站的发射载波频率都是相同的，系统必须要让所有地球站在时间上同步，以便使每个站都只在指定时间段内发射，而不会因为误入其他时间段造成相邻站之间的相互干扰。称此卫星和所有地球站之间的时间同步为网络同步。接收站也需要网络同步以便在一个特定时隙内接收某给定上行链路地球站发送的信号。TDMA 系统最主要的

特点是，该系统中的所有地球站都只能在规定的时间段内以“突发(burst)”的形式发射信号，这些信号通过卫星转发器时在时间上是严格依次排列、互不重叠的，图 7.6 所示为 TDMA 系统的功能模型。由于系统中同时有许多用户，每个用户都希望能通过卫星实时地建立通信链路，为此，必须要对所有地球站的发送时间进行组织，以便让所有用户能共享卫星资源，并且各站的发射突发不会在时间上重叠，这就产生了帧的概念。

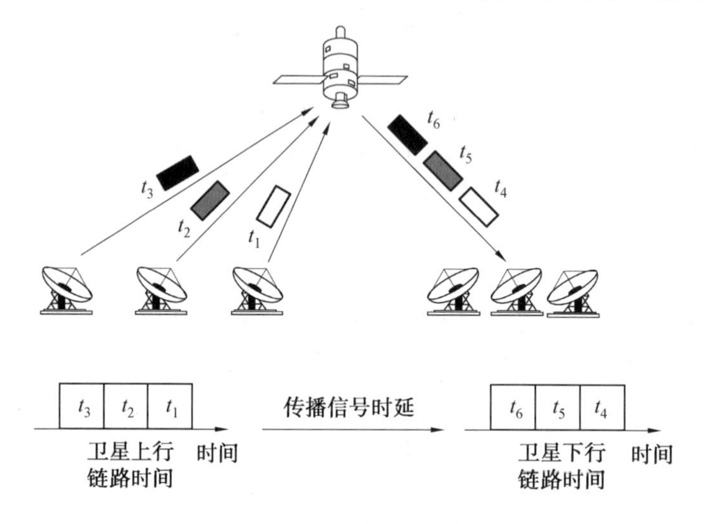

图 7.6　TDMA 系统的功能模型

图 7.7 所示为 TDMA 系统帧结构图。TDMA 系统中把时间用帧来表示，一帧实际上就是一个地球站相邻两次突发之间的间隔时间，或者说一个重复周期。在一个 TDMA 帧中，可以允许多个站发送自己的突发，称这类突发为一个分帧。由于每个站的突发中可能包括分别由多个地球站接收的多路信息，因此，每个分帧中还划分为许多个时隙(slot)。在一个 TDMA 帧中，第一个分帧通常是由 TDMA 系统中的参考地球站发送的，用于实现网络同步，称为参考分帧，它是全网的时间基准；其他分帧统称为数据分帧，由各地球站用于发送业务信息。在每个分帧中都包括供接收地球站解调用的载波位定时恢复比特(CBR)、用于帧和分帧同步的独特码(UW)和用于网络管理(包括地球站标识码、勤务信息和信道分配命令等)的控制字(C)。CBR、UW 和 C 三部分统称为报头(preamble)。对于参考分帧通常只包括报头部分，而对于数据分帧则还包括数据时隙，每个数据时隙中除了包括业务信息外，还应包括该时隙的接收地球站标识码等信息。

由于网络同步不可能百分之百准确，不同地球站的实际发射时间与标准的发射时间相比总是或多或少存在一些误差(即分帧同步不可能完全准确)，因此，在相邻数据分帧之间通常设置有一定的保护时隙(一个数据分帧由一个站发射，相邻数据分帧通常由不同的站发射)。

网络同步是 TDMA 方式的一个关键问题，这涉及地球站开始发射突发时，怎样保证此突发正确地进入指定时隙，而不会误入其他时隙造成干扰，这就是初始捕获问题；当正常工作时，地球站每隔一帧时间发一次突发，又怎样保证各分帧之间维持精确的时间关系(不会发生重叠)，这就是分帧同步问题。相对 FDMA 方式而言，初始捕获和分帧同步是 TDMA 方式最主要的技术难点。由于采用 TDMA 方式的地球站都是以突发的方式发射

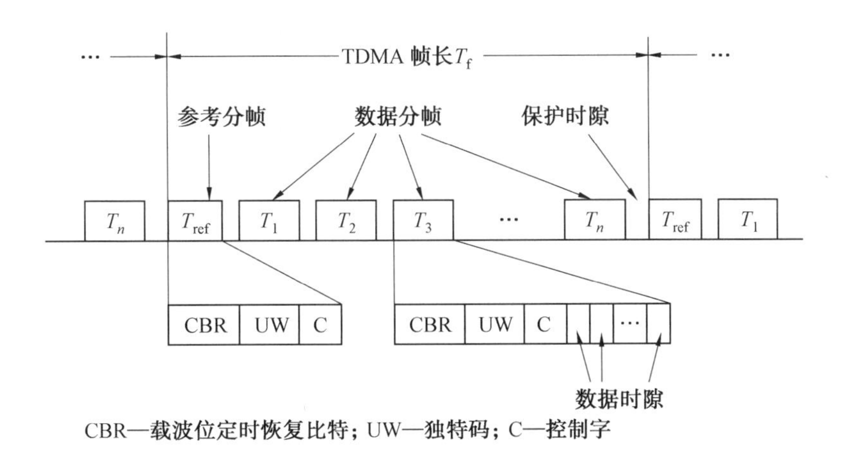

图 7.7　TDMA 系统帧结构图

信号，因此，接收地球站也必须要能进行突发接收，这涉及信号的突发解调问题，这也是 TDMA 方式的一个技术难点。

7.4.1　多载波 TDMA

多载波 TDMA(MC－TDMA)方式是指在一个 TDMA 系统中采用多条信道速率相对较低(低到几十千比特每秒(kbit/s)，高到 20 Mbit/s)的载波，每条载波以 TDMA 方式工作，而不像传统 TDMA 方式那样一个系统中只有一条高速载波，这些 MC－TDMA 载波既可以完全占满整个转发器，也可以与其他 FDMA 载波一起共享一个转发器，图 7.8 所示为 TDMA、SCPC 和 MC－TDMA 使用转发器频带的对比。对于采用 MC－TDMA 方式的地球站，虽然系统中同时有多条 TDMA 载波，但某个时候每个站只能在一条 TDMA 载波上发送和接收，这完全能满足通常的使用要求；如果要同时在两条载波上发送或接收，则需配备两套设备。

对于 MC－TDMA 方式，当只有一条载波时，它就是单载波的传统 TDMA 方式；当有多条载波，每条载波中只有一路信号时，它就是 SCPC 方式；当有多条载波，每条载波虽有多路信道，但由同一个站发送时，它就是 MCPC 方式。因此，MC－TDMA 实际上是 FDMA 和 TDMA 两种多址方式的综合，它既克服了 TDMA 初始占用频带宽、建站成本高的缺点，也弥补了 SCPC 对功放和频带利用率低及每路需一个 Modem 的不足，它特别适合于综合业务的稀路由应用环境和卫星移动通信应用环境。

在卫星移动通信中，由 EIRP 和 G/T 值均较小的移动站来实现一个单载波的高速 TDMA 系统显然是不现实的；另外，即使其 EIRP 和 G/T 值能满足要求，由一个普通移动站来实现这样复杂的 TDMA 网络同步和高速突发解调是非常困难的。但如果能把 TDMA 信道的传输速率降下来，则不仅 EIRP 和 G/T 值较易满足，而且网络同步和突发解调就变得容易实现。

可对 MC－TDMA 方式与传统 TDMA 方式做如下对比。

(1)具有较高的帧效率。根据 TDMA 帧格式可知，每个 TDMA 分帧中都有一个报头(载波位定时恢复比特及独特码)和保护时间，这使得 TDMA 方式的帧效率较低(通常

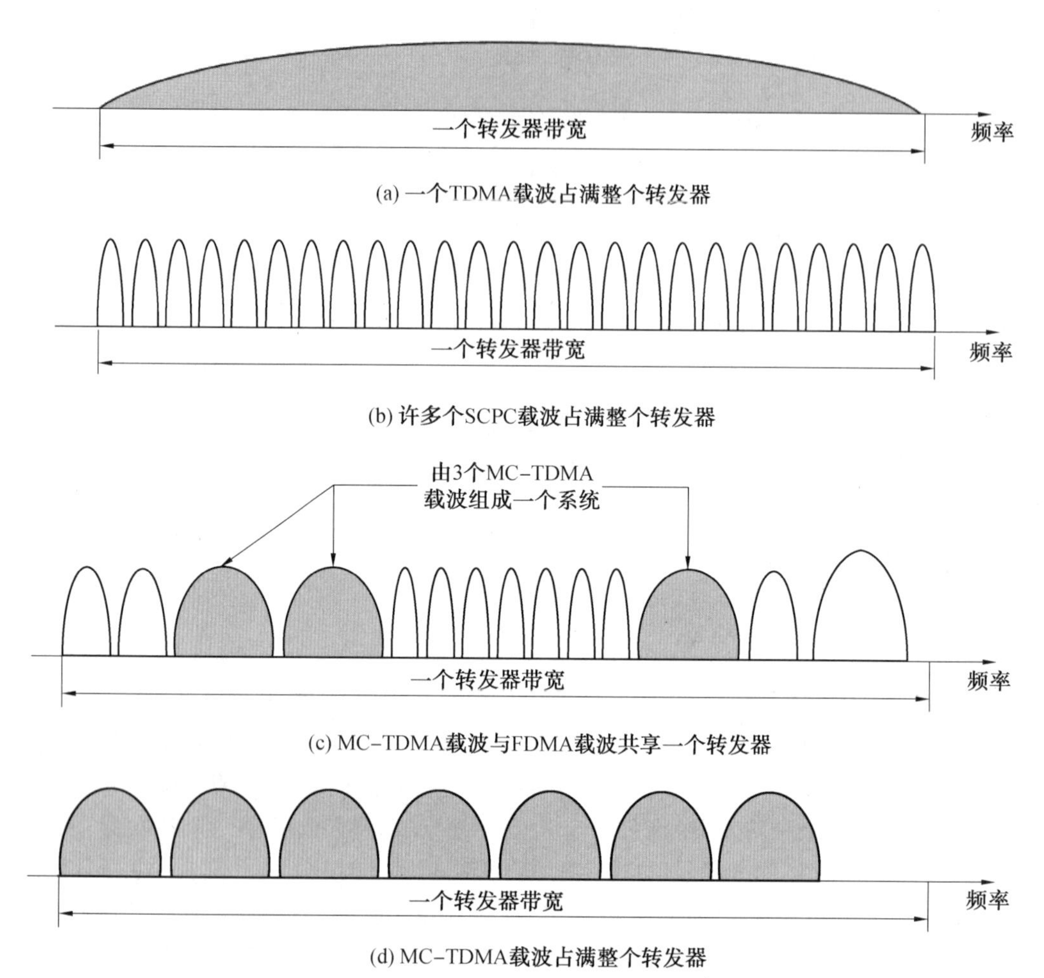

图 7.8　TDMA、SCPC 和 MC－TDMA 使用转发器频带对比

只有 60％～70％)。为避免多次发送报头，TDMA 系统中每个站发给其他站的所有信号都在一个突发(即发给多个站的信号共用一个报头)中，但在稀路由应用(包括卫星移动通信)环境下，每个站的业务量都很小(一次可能只有一路信号)，所以用这种办法来提高帧效率得到的效果不大。在 MC－TDMA 系统中，由于信道速率较低，通过使所有站的位定时同步到基准突发上，并使这个同步误差控制在一个码元宽度以内，这就可以缩短甚至消除位定时恢复比特；通过采用 DSP 技术重复利用报头和记忆载波同步信息，就可以缩短报头中载波恢复比特的长度；MC－TDMA 中保护时间所占的比重要比 TDMA 小，所有这些都使 MC－TDMA 系统的帧效率要比 TDMA 的高。

(2)只需较低的地球站发射功率。对于相同的转发器，MC－TDMA 方式要求的上行功率比 TDMA 方式要低一些。MC－TDMA 方式为减小互调，通常要求转发器有一定的补偿，而 TDMA 方式一般工作于饱和区。因此 MC－TDMA 方式要求的地球站发射功率要比 TDMA 方式的低很多(如 5 dB 的转发器输出补偿，对应至少 7 dB 的输入补偿，相当于地球站发射功率小 7 dB)。

(3)具有较低的解调损耗和较好的编码增益。TDMA 高速突发 Modem 通常无法用全数字化方法实现，而 MC－TDMA 的信道速率较低，可以采用全数字化技术，这样其解调损耗就较小，如采用 DSP 技术的 MC－TDMA 突发 Modem 其损耗能优于 TDMA 突发 Modem 0.5～1.5 dB。较低传输速率的 MC－TDMA 可采用更有效的 FEC 编码和译码方式，MC－TDMA 相对 TDMA 的编码增益改善量也能在 0.5～2.5 dB 左右。

(4)不易受干扰。TDMA 系统采用一个载波，一般占用整个转发器，这就要求所有地球站在整个频带内没有同频干扰。而在 MC－TDMA 系统中，一个站只需在其中一个频率上不存在同频干扰就可以了。

(5)更经济。由于传统 TDMA 方式的信道传输速率很高，对网络同步、地球站 EIRP 和 G/T 值的要求就很高，并且在开始阶段业务量不大的情况下也需占用整个转发器，因此，存在着系统初始建设成本和地球站建设成本较高的缺点，影响了 TDMA 系统的应用；而对于 MC－TDMA 方式，由于把一个载波分成了几个载波，对网络同步、地球站 EIRP 和 G/T 值的要求就降低了许多；并且在业务刚开通时可无须一开始就占用整个转发器。因此，MC－TDMA 系统的初始建设成本和地球站成本比 TDMA 方式有较大的下降。尤其当系统中站数较多时，MC－TDMA 具有明显的成本优势。

(6)容量与 TDMA 方式基本相当。虽然 TDMA 方式比 MC－TDMA 方式有较大的下行功率，当 TDMA 系统中所有站的情况(如 G/T 值、地理位置、传播损耗、干扰情况、气候情况和业务量等)相差不大时，其性能是要优于 MC－TDMA 方式。但在稀路由应用环境中，站多、各站业务量小，相互之间的情况差别又大，全网的链路质量差异也很大，如果仍采用 TDMA 方式，由于只有一个载波，转发器向所有站提供相同的功率(不会由于某些站的链路质量恶化而单独提供较高的卫星功率)，这样，在链路设计时就需考虑最差情况，为此就要增加链路余量，这对那些链路质量较好的站来说就是对卫星功率的浪费。而在 MC－TDMA 方式中，可以使各条载波有不同的功率，通过把链路质量相近的站安排到同一个载波，对降雨损耗大的站，给予大余量，安排大的卫星功率，而其他站安排小的卫星功率，这就减少了卫星功率的浪费。这个功率安排过程是完全由网络管理系统控制的，哪个站的链路损耗增加了就把它安排到大载波上去工作；当损耗降低时再安排到小载波上工作。所以，MC－TDMA 方式总能动态地分配各站占用卫星的功率，各站也能方便地从一个载波转换到另一个载波，达到充分利用卫星功率的目的。通过这个措施可以基本克服 MC－TDMA 方式卫星下行功率小的缺点。当各站链路质量差距较小时，TDMA 方式有较高的容量；当各站链路质量差距较大时，MC－TDMA 有较高的容量。

(7)需要转发器有一定的补偿。TDMA 方式不存在互调，转发器可工作在饱和状态；而对于 MC－TDMA 方式，由于同时存在多个 TDMA 载波，转发器中就存在着互调干扰，所有功放要有一定的输出补偿。但 MC－TDMA 方式中的载波通常只有几个或十几个，通过适当的载波排列就可以使这些互调分量落在工作频带外。

(8)网络管理相对复杂。TDMA 方式中所有站共享一条载波，网络管理系统只需分配时隙即可；但对于 MC－TDMA 方式，由于系统中同时存在多个载波，一个站可以在所有载波上发送或接收，但不能同时在一个以上的载波上发送和接收，所以，MC－TDMA 系统的网络管理系统需要同时分配各站的收、发时隙和频率，以使系统能正常地工作。

总体来说，MC－TDMA 方式在系统中站的数量较多、各站业务量不大、各站链路质

量差距较大的应用环境(如卫星移动通信)中具有明显优势,而 TDMA 主要适合于站的数量少、各站业务量大、各站链路质量差距小的干线通信环境。

7.4.2 时分多址接入技术的优缺点

TDMA 的优点:①能最充分地利用卫星的功率;②无须上行链路功率控制;③使用灵活、扩容方便;④便于实现综合业务;⑤便于与地面数字通信设备互联;⑥可充分利用数字语音内插等数字化技术。

TDMA 的缺点:①要求全网同步;②要求采用突发解调;③模拟信号必须被转换为数字信号;④与地面模拟通信设备的接口较昂贵;⑤初始投资大,实现复杂。

7.5 码分多址接入

码分多址(CDMA)接入方式是根据地址码的正交性来实现信号分割的,其基本原理是利用自相关特性非常强而互相关特性比较弱的周期性码序列作为地址信息(称为地址码),对被用户信息调制过的载波进行再次调制,使其频谱大为展宽(称为扩频调制)。经卫星信道传输后,在接收端以本地产生的已知地址码为参考,根据相关性的差异对接收到的所有信号进行鉴别,从中将地址码与本地地址码完全一致的宽带信号还原为窄带信号而选出,其他与本地地址码无关的信号则仍保持或扩展为宽带信号而被滤去(称为相关检测或扩频解调)。

由此可见,实现 CDMA 必须要具备三个条件。

①要有数量足够多、相关特性足够好的地址码,使系统中每个站都能分配到所需的地址码。

②必须用地址码对待发信号进行扩频调制,使传输信号所占频带极大地展宽。卫星通信中扩频调制方式通常采用 PSK 方式,而对地址码的用法则有两种:一种是直接序列(Direct-Sequence,DS) 扩频方式,它是用地址码直接对信号进行调制来得到扩频信号;另一种是跳频(Frequency Hopping,FH)扩频方式,它是用地址码控制频率合成器,使它产生出能在较大范围内周期性跳变的本振信号,再用它与已调信号载波进行混频来得到扩频信号。

③在 CDMA 接收端,必须要有与发送端地址码完全一致的本地地址码,用它对接收信号进行相关检测,将地址码之间不同的相关性转化为频谱宽窄的差异,然后用窄带滤波器从中选出所需要的信号,这是 CDMA 方式中最主要的环节。

7.5.1 直接序列扩频 CDMA

图 7.9 所示为直接序列码分多址(Direct Sequence-Code Division Multiple Access,DS-CDMA)系统的工作原理图,它以用户信号 1 为例来说明 CDMA 方式的工作原理。在发送端,比特速率为 b_1(bit/s)的基带信息流$m_1(t)$被调制后,变成已调信号 $S_1(t)$,它与扩频函数 $g_1(t)$相乘后得到一个扩频信号$S_1(t)g_1(t)$。其中扩频函数 $g_1(t)$是该站的地址码,其比特速率 B_s(bit/s)远大于信息比特速率 b_1(bit/s),地址码的码长和比特速率取决

于具体的应用环境，扩频信号 $S_1(t)g_1(t)$ 通过发射机变频、放大后得到射频扩频信号$C_1(t)$。

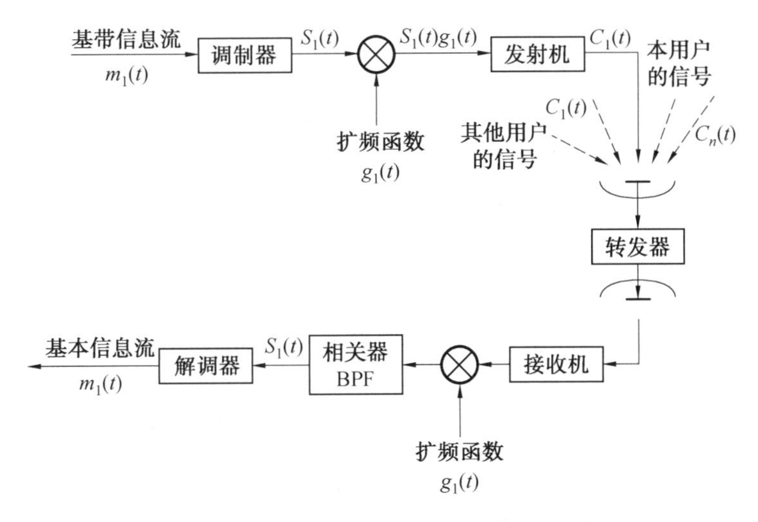

图7.9　DS－CDMA系统的工作原理图

需指出的是，图7.9所示的发送端工作过程只是其中一种方式，调制和扩频的过程还可以交换位置，即扩频是在基带进行的，调制是对扩频信号进行的。系统中其他用户也在同一信道上发送，但每个用户的地址码是不同的。接收到的信号中包括需要的信号、其他共享该信道的用户信号引起的干扰（称为多址接入干扰）和由热噪声及互调噪声等组成的系统内部噪声。图7.10(a)和图7.10(b)所示分别为发射机端输出功率谱密度和接收机端输入功率谱密度，接收频谱中还包括了窄带强干扰及宽带的背景噪声和弱干扰。

在接收端，混合的信号用本地地址码进行相关检测，本地产生的地址码必须要与发送端地址码完全同步以得到较好的自相关特性。采用码同步技术与需要的同步速度、接收机灵敏度和复杂度等有关。相关操作的结果是把不相关的信号进行扩频而对相关的信号进行解扩。图7.10(c)所示为相关器输出端功率谱密度，显然，本地地址码与需要接收的信号的扩频码是相同且同步的，因此具有良好的自相关特性，解扩后就恢复为原来的窄带信号；而由本站接收的其他用户信号采用的扩频码与本站地址码的互相关性极弱，经过解扩后仍是一个宽带信号；白噪声经过解扩后仍是白噪声。相关处理后需通过一个带通滤波器(Band Pass Filter，BPF)以便把信息通带外的干扰和噪声滤掉。如果接收信号中存在一个窄带干扰信号，那么相关处理后该干扰信号就被扩频，这样该干扰信号的功率谱密度就被降低了 B_C/B_i 倍，其中，B_C 和 B_i 分别为信道带宽和该干扰信号的射频(RF)带宽。

显然，通过相关处理把干扰信号扩频，从而提高系统的抗干扰能力，这是CDMA方式的一个主要优点。在CDMA系统中，通常用处理增益 G_p 来衡量CDMA方式的抗干扰能力，它定义为相关器（也称为解扩器）的输出端与输入端载波噪声功率比之比，即

$$G_p=\frac{C_o/N_o}{C_i/N_i} \tag{7.1}$$

式中，C_i、N_i 分别为输入端的载波和噪声功率；C_o、N_o 分别为输出端的载波和噪声功率。

如果认为相关器的增益为 A，输入端噪声功率谱密度为 $I(f)$，B_C 和 B_m 分别为信道

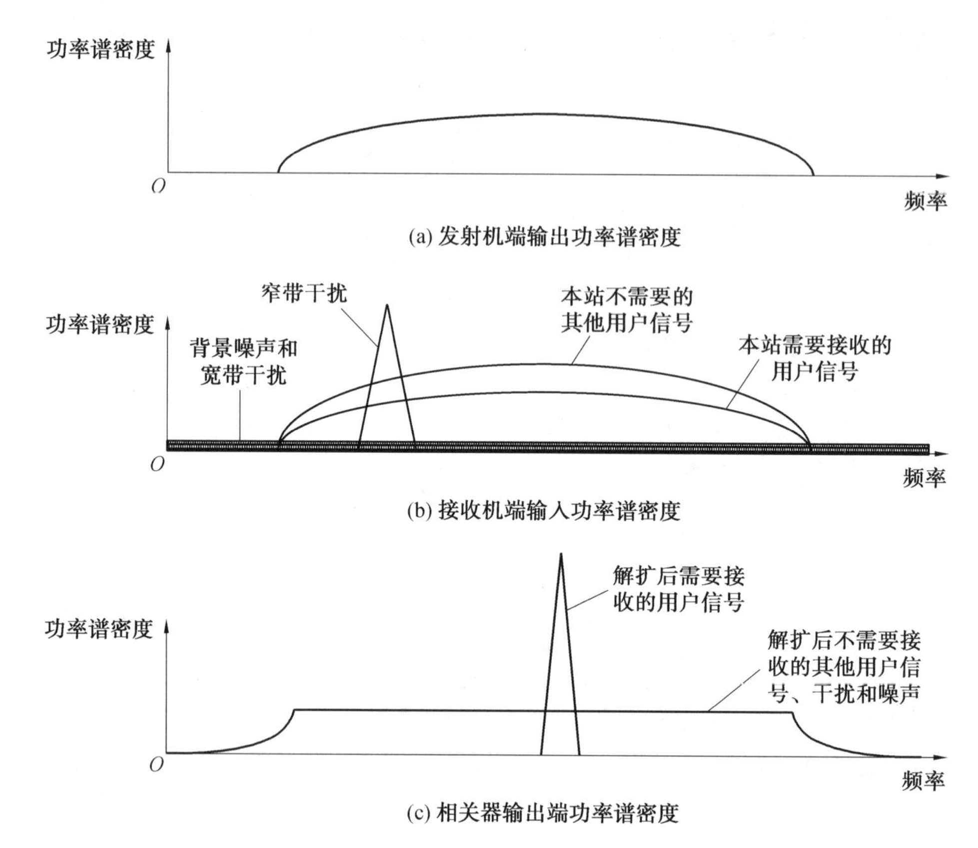

图 7.10　CDMA 方式各点信号的典型功率谱密度

带宽和解扩后的信息带宽(相当于 BPF 的带宽),则处理增益可表示为

$$G_p=\frac{C_o/N_o}{C_i/N_i}=\frac{AC_i/AI(f)B_m}{C_i/I(f)B_C}=\frac{B_C}{B_m} \tag{7.2}$$

如果基带信息速率为 R_m(bit/s),信道比特率为 R_C(bit/s)(也称为码片速率 c/s),则处理增益也可以表示为

$$G_p=\frac{R_C}{R_m} \tag{7.3}$$

实际使用中,由于互相关特性不可能为 0,相关处理中必然有损耗,因此,处理增益会比上述理论值有一定的下降。

7.5.2　跳频扩频 CDMA

除了直接序列扩频技术外,实现 CDMA 方式的另一种技术是跳频技术(Frequency Hopping Spread Spectrum,FHSS)扩频 CDMA,即跳频码分多址(Frequency Hopping CDMA,FH－CDMA),其工作原理图如图 7.11 所示。在 FH－CDMA 系统中,通过扩频函数控制频率合成器的输出频率来改变信道的传输频率(图 7.11(a));在接收端,一个与发送端同步的相同扩频函数被用来控制本振的频率,通过混频处理,就可以实现频率的解跳(图 7.11(b)),混频器的输出一般需经过一个带通滤波器(BPF)以便滤出需要的信号并把不需要的信号滤掉，之后，就可对信号进行解调以得到基带信号。在 FH－CDMA 系统中，传输频率都是以离散的步进频率来改变的，如果频率合成器的单位步进频率为 Δf；跳频码的码长为 N；基带信号带宽为 B_m；则扩频带宽 B_C 为

$$B_C = \Delta f \times N \tag{7.4}$$

FH－CDMA 的处理增益 G_p 为

$$G_p = \frac{B_C}{B_m} = \frac{N \times \Delta f}{B_m} \tag{7.5}$$

除了处理增益外，衡量 FH－CDMA 系统性能的另一个指标是跳频速率(或者称为码速率)，跳速越快，抗干扰性能越好，但实现越复杂。

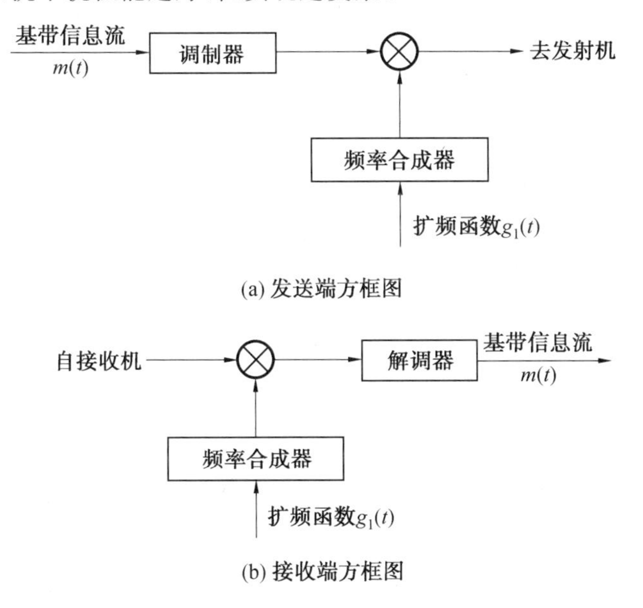

图 7.11　FH－CDMA 系统工作原理图

7.5.3　码分多址接入技术的主要优缺点

综上所述，CDMA 是建立在正交编码、相关接收等理论基础上的，是实现无线信道多址接入的主要方式之一，在移动通信中有广泛的应用。可以总结 CDMA 方式的优缺点如下。

CDMA 的优点：①宽带传输，抗多径衰落性能较好；②信号频谱的扩展和相关接收，具有较好的信号隐蔽性和保护性，抗干扰能力也较强；③允许共覆盖的多系统/多卫星同频操作，无须系统间协调，能抗地面同频通信系统的干扰；④具有扩频增益，允许相邻波束使用相同频率，频率复用能力强；⑤能充分利用语音激活来提高容量；⑥移动通信中具有软切换功能；⑦容量没有硬性限制，增加用户只会影响性能，不会遭到拒绝。

CDMA 的缺点：①需要进行功率控制；②码同步时间较长；③受扩频码片速率的限制，主要用于低速业务。

7.6 空分多址接入

空分多址(SDMA)接入是根据各地球站所处的空间区域的不同而加以区分的,它的基本特征是卫星天线有多个窄波束(又称点波束),它们分别指向不同的区域地球站,利用波束在空间指向的差异来区分不同的地球站,如图 7.12 所示。卫星上装有转换开关设备,某区域中某一地球站的上行信号,经上行波束送到转发器,由卫星上转换开关设备将其转换到另一个通信区域的下行波束,从而传送到该区域的某地球站。需要说明的是,SDMA 通常与其他多址访问方式结合使用,一般不会在一个卫星通信系统中单独采用,如多波束 TDMA、FDMA 或 CDMA 卫星移动通信系统,实际上就是上述多址访问方式与 SDMA 的结合。卫星通信中常用的极化复用技术,实际上就是一种利用电磁波信号极化方向的正交性来实现信号分割的一种多址访问方式。

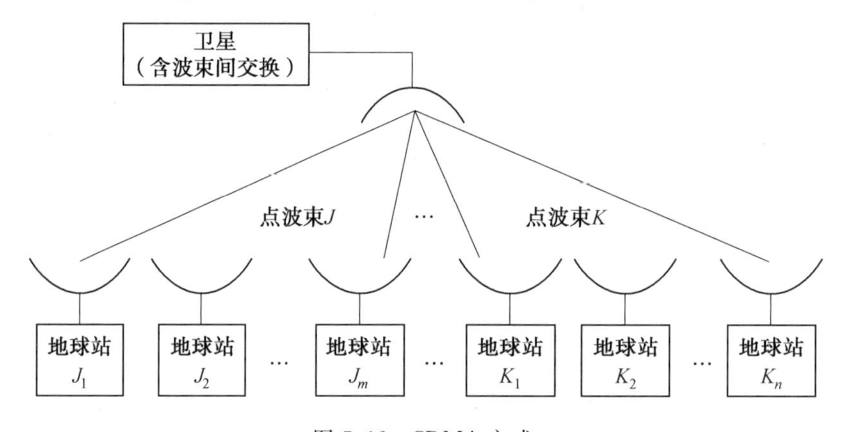

图 7.12 SDMA 方式

7.6.1 卫星交换 FDMA(SS-FDMA)

对于采用 FDMA 方式的多波束卫星移动通信系统来说,必然希望能实现分别处于不同波束覆盖区内的地球站之间的互联,实现这种互联有以下两种途径。

(1)在地面设立关口站,由关口站负责实现不同波束地球站信息之间的交换,这种方式只要求卫星采用透明转发器,相对来说比较简单,但要求信号经历卫星两跳。这种方式主要适用于采用 MEO、LEO 等非 GEO 卫星的系统,对于采用 GEO 卫星的系统,不能满足实时性业务对时延的要求。

(2)卫星具有交换功能,如果这种交换是在基带进行的,那么卫星需要具有星上再生、基带处理和交换能力。这里要介绍的是一种在射频或中频实现不同 FDMA 载波之间的交换,即所谓的卫星交换 FDMA(SS-FDMA)。

图 7.13 所示为 SS-FDMA 系统模型。在 SS-FDMA 系统中,通常存在多个上行链路波束和多个下行链路波束,每个波束内均采用 FDMA 方式,各波束使用相同的频带(即空分频率复用)。对于需要与其他波束内地球站进行通信的某个地球站来说,其上行链路发射载波必须要处在某个特定的频率上,以便转发器能根据其载波频率选路到相应

的下行链路波束上，也即在 SS－FDMA 方式中，载波频率与需要去往的下行链路波束之间有特定的对应关系，转发器根据这种关系来实现不同波束内 FDMA 载波之间的交换。

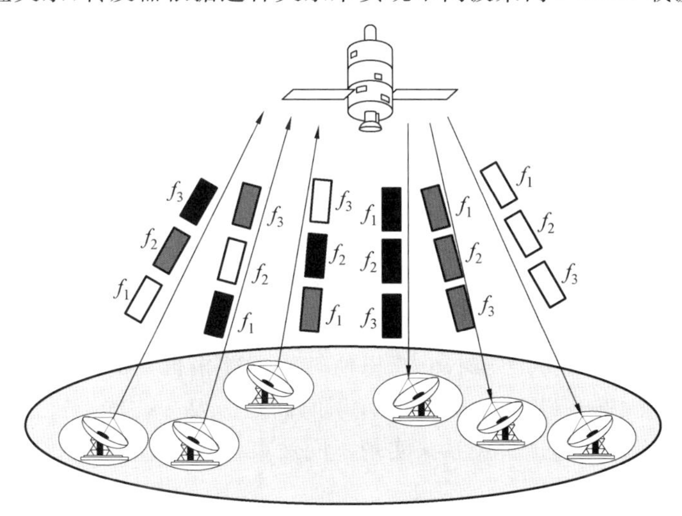

图 7.13　SS－FDMA 系统模型

图 7.14 所示为 SS－FDMA 卫星转发器方框图，图中以上行链路和下行链路均只有 3 个波束为例来说明。对于 SS－FDMA，其星上交换是依靠一组滤波器和一个由微波二极管门组成的交换矩阵来实现的。对于每个上行链路载波，星上都有一个滤波器与之对应，去往某个下行链路地球站的上行链路载波都必须在星上被选路到覆盖该接收地球站的下行链路波束。

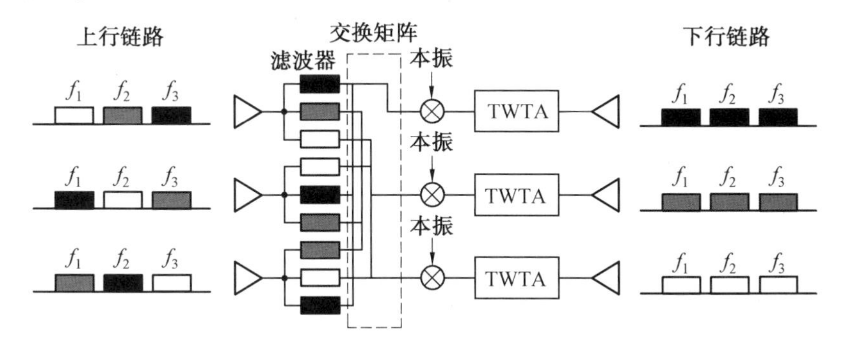

图 7.14　SS－FDMA 卫星转发器方框图

从图 7.13 和图 7.14 可以看出，每个波束使用相同的一组频率，要选路到某个特定下行链路波束的所有上行链路载波，都需要在每个上行链路波束中分配一个专门的频带，此频带对于每个上行链路都是不同的，上行链路波束依此来进行信道划分，星上滤波器据此进行设计并滤出每个独立的频带，二极管交换矩阵把每个滤出的频带连接到不同的下行链路。在不同的上行链路波束中，相同的频带去往不同的下行链路波束。这样，来自不同上行链路波束的相同频带就不会在同一个下行链路上重叠。对于需要去往的下行链路波束，一个上行链路地球站只需选择相应的频带即可。这样，任一波束中的每条上行链路在任何时候都可以连接到任一波束中任何下行链路地球站。

7.6.2 卫星交换 TDMA (SS－TDMA)

对于 TDMA 卫星移动通信系统而言，采用多波束对于改善系统性能是很有好处的，但带来的一个后果是处于不同波束中的地球站无法像单波束系统中那样直接进行通信，即处于某个波束中的地球站不能直接接入其他波束，为此必须要采取措施来解决此问题，其中的一个解决办法是采用卫星交换的 TDMA(SS－TDMA)，其基本工作原理与SS－FDMA方式相似，即在射频或中频实现不同 TDMA 载波之间的交换。

图 7.15 所示为 SS－TDMA 系统模型。在 SS－TDMA 系统中，通常存在多个上行链路波束和多个下行链路波束，每个波束内均采用 TDMA 方式，各波束使用相同的频带(即空分频率复用)。对于需要与其他波束内地球站进行通信的某个地球站，其上行链路发射时间必须要处在某个特定的时隙上，以便转发器能根据其时隙位置选路到相应的下行链路波束上，即在 SS－TDMA 方式中，发射时间与需要去往的下行链路波束之间有特定的对应关系，转发器根据这种关系来实现不同波束内 TDMA 载波之间的交换。

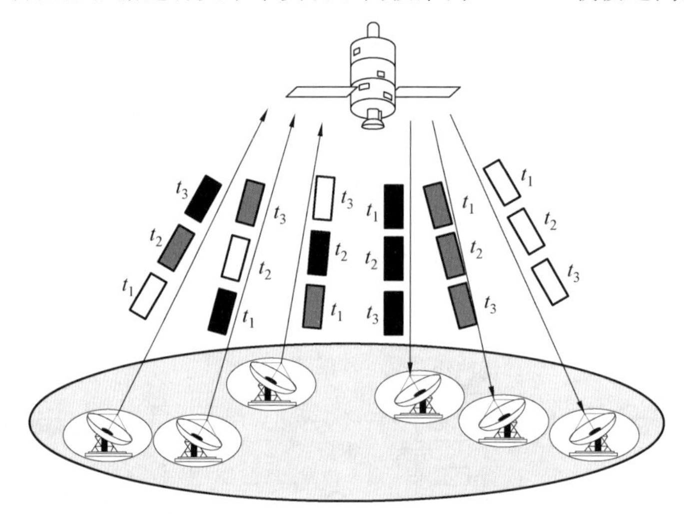

图 7.15　SS－TDMA 系统模型

像 SS－FDMA 一样，SS－TDMA 也是利用星上微波二极管交换矩阵来建立上行链路波束和下行链路波束之间的连接。图 7.16 所示为上、下行链路各存在 3 个点波束情况下，SS－TDMA 系统星上交换的方框图和不同时隙交换矩阵开关闭合状态示意图。在交换时隙 t_1，上行链路波束 1 连接到下行链路波束 6，波束 2 连接到波束 5，波束 3 连接到波束 4；在交换时隙 t_2，上行链路波束 1 连接到下行链路波束 5，波束 2 连接到波束 6，波束 3 连接到波束 4。图 7.16(b)所示的交换矩阵开关闭合状态图表示了这种连接关系。

从图 7.15 和图 7.16 可以看出，每个波束使用相同的频率，要选路到某个特定下行链路波束的所有上行链路地球站，都需要在每个上行链路帧中分配一个专门的交换时隙，在此交换时隙内，星上交换矩阵正好能把此波束内的上行链路信号选路到某个特定的下行链路波束。在不同的上行链路波束中，相同的交换时隙去往不同的下行链路波束。这样，来自不同上行链路波束的信号就不会在同一个下行链路上重叠。对于需要去往的下行链路波束，一个上行链路地球站只需选择相应的交换时隙即可。这样，任一波束中的每条上

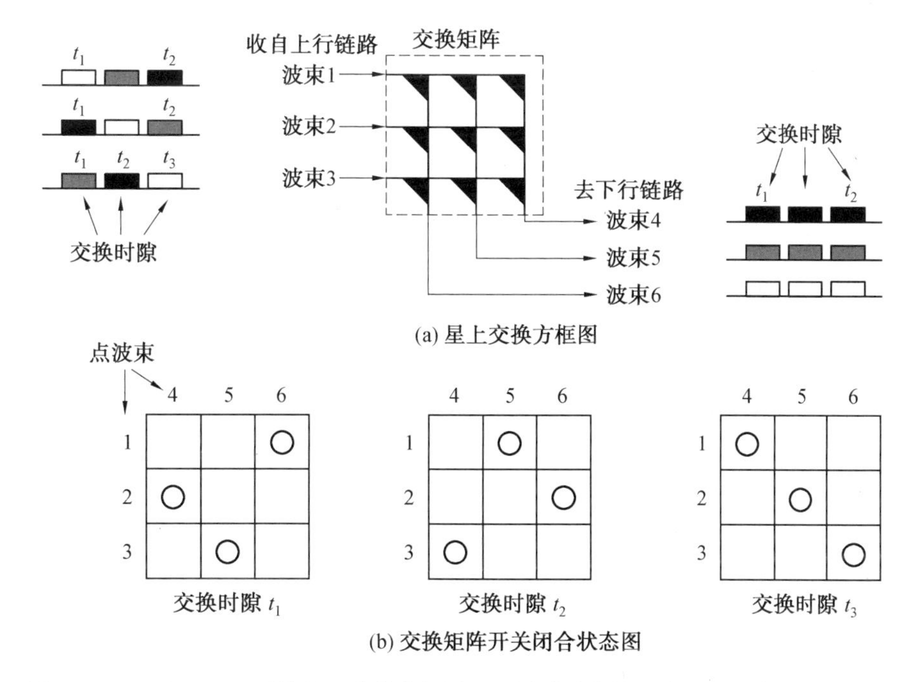

图 7.16　SS－TDMA 系统星上交换方框图和不同时隙交换矩阵开关闭合状态示意图

行链路在任何时候都可以连接到任一波束中任何下行链路地球站。需指出的是，在 SS－TDMA方式中，上行链路地球站需在每个交换时隙内发射，而不是像 TDMA 方式那样在每个数据分帧中发射。

7.6.3　空分多址接入技术的优缺点

SDMA 方式有许多优点，包括卫星天线增益高；卫星功率可得到合理有效的利用；不同区域地球站所发射信号在空间互不重叠，即使在同一时间用相同频率，也不会相互干扰，因而可以实现频率重复使用，这会成倍地扩大系统的通信容量。正因为 SDMA 具有上述一系列优点，所以它在卫星通信中得到广泛的使用。实现 SDMA 较好的方式是在卫星上使用多波束天线。由于各波束之间需要交换，波束之间的交换设备(转换开关)使卫星成为一台空中交换机，各地球站之间可像自动电话系统那样方便地进行多址通信。此外，卫星对其他地面通信系统的干扰减少了，对地球站的技术要求也降低了。

但是，SDMA 方式对卫星的稳定及姿态控制提出很高的要求，卫星的天线及馈线装置也比较庞大和复杂；转换开关不仅使设备复杂，而且由于空间故障难以修复，因此增加了通信失效的风险。

本章参考文献

[1] 郭庆，王振永，顾学迈. 卫星通信系统[M]. 北京：电子工业出版社，2010.
[2] 罗迪. 卫星通信[M]. 张更新，译. 3 版. 北京：人民邮电出版社，2002.
[3] 张更新，张杭. 卫星移动通信系统[M]. 北京：人民邮电出版社，2001.

[4] 张更新. 现代小卫星及其应用[M]. 北京:人民邮电出版社，2009.

[5] 刘华峰，李琼，徐潇审，等. 卫星组网的原理与协议[M]. 北京：国防工业出版社,2016.

[6] 吕海寰，蔡剑铭，甘仲民. 卫星通信系统(修订版)[M]. 北京:人民邮电出版社，1994.

[7] RICHHARIA M. Satellite communication system design principles[M]. London: Macmillan New Eletronics,1995.

[8] 陈振国. 卫星通信技术[M]. 北京:人民邮电出版社,1992.

[9] ELBERT B. The satellite communication applications handbook[M]. London: Artech House, 1997.

[10] GAGLIARDI R. Satellite communications[M]. New York: Van Nostrand Reinhold,1991.

[11] 王秉钧，王少勇，田宝玉,等. 现代卫星通信系统[M]. 北京:电子工业出版社,2004.

[12] 胡健栋. 码分多址与个人通信[M]. 北京:人民邮电出版社,1996.

[13] 张乃通，张中兆，李英涛,等. 卫星移动通信系统[M]. 2 版. 北京:电子工业出版社, 2000.

[14] 胡健栋. 码分多址与个人通信[M]. 北京:人民邮电出版社,1996.

[15] 张更新. 一种新的总也业务多址访问方式——多载波 TDMA[J]. 电信科学,1994,(2): 58-61.

[16] 王海涛，仇跃华，梁银川，等. 卫星应用技术[M]. 北京:北京理工大学出版社,2017.

[17] MAINI A K, AGRAWAL V. 卫星技术[M]. 刘家康,译. 北京:北京理工大学出版社,2019.

第 8 章

卫星通信传输协议

8.1 TCP/IP 协议

8.1.1 因特网

1995 年 10 月 24 日，美国联邦网络咨询委员会（Federal Networking Council，FNC）通过了将因特网定义为全球信息系统的解决方案。

（1）可以通过遵循网际协议（Internet Protocol，IP）的全球唯一地址空间或其扩展地址建立全球逻辑链接。

（2）可以支持使用传输控制协议/网际协议、其他扩展协议或其他支持 IP 协议的通信。

（3）提供、使用或支持公共或私人的通信及其相应体系架构中的各种高级服务。

这种官方描述是经过多年的修订完善（Leiner 等人，2000）后最终对因特网的一个定义，其中的关键是使用 TCP（Transmission Control Protocol）和 IP。这些协议通常合称为 TCP/IP 协议并且内置于一些操作系统和网络浏览器中，如 Windows 和 Netscape。

因特网没有固定的物理结构，它利用现有的物理线路，如铜缆、光纤以及卫星链路等基础设施。尽管因特网没有固定的结构，接入因特网还需要遵循一系列规则。用户首先连接到因特网服务提供商（Internet Service Provider，ISP），ISP 将连接到网络服务提供商（Network Service Provider，NSP），NSP 完成和其他用户或服务器的连接。服务器是专门为因特网提供信息服务的计算机，它们根据因特网的各种应用运行相应的软件，包括电子邮件、讨论群、远程计算以及文件传输等。路由器（router）作为通信网的一部分的计算机，负责将数据沿网络中的最佳路径进行路由或转发。

尽管因特网中没有集中管理或授权组织，但是它的飞速发展需要在其允许范围内引入某种监管。图 8.1（a）所示为因特网组织，Leiner（2000）和 Mackenzie（1998）对这些组织有详细描述。

万维网（World Wide Web，WWW）是因特网最广泛的应用，万维网的发展和演进与因特网非常类似，同样没有集中管理或授权组织，但是仍有某种机构试图对其发生的事情进行监管。WWW Consortium，通常称为 W3C，成立于 1994 年 10 月（Jacobs，2000）。W3C 管理一些特殊组织（图 8.1（b）），并且与因特网工程任务组（Internet Engineering

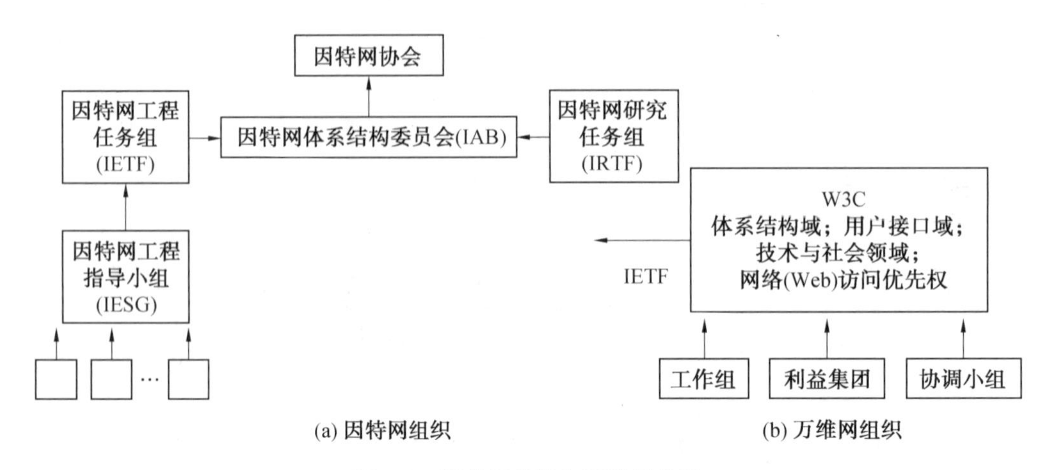

图 8.1　因特网组织和万维网组织

Task Force，IETF）以及其他标准化团体（因特网研究任务组（Internet Research Task Force，IRTF）、因特网体系结构委员会（Internet Architecture Board，IAB）、因特网工程指导小组（Internet Engineering Steering Group，IESG））共同开展工作。Jacobs（2000）对W3C有详细描述。

8.1.2　因特网分层

卫星和地球站的上、下行链路组成数据通信系统的物理层（physical layer）。这里的数据通信（data communication）指计算机与外围设备之间的通信，使用数字信号。卫星通信链路必须满足网络的特殊需求。网络中使用的术语非常专业，为了更好地了解卫星通信，这里对一些术语先做出说明。因特网是一个数据通信系统，目前有一种技术可以将语音通信与数据通信融合在一起，即VoIP。

网络中数据以包（packet）的形式传送，包传输必须实现多种功能，如包的寻址、路由以及拥塞处理等。目前通常的方法是将每个功能分配到一个层内实现，这称为网络架构（network architecture）。分层是概念性的含义，实际中每个层有自己专门的软件或软硬件的结合。在因特网中，网络架构是TCP/IP模型，在这种模型中除了TCP/IP之外还有其他协议，这种分层结构如图8.2所示。为方便读者理解，下面用网络通信中使用的一些术语对各个层做简单介绍，其中TCP层是本章的重点。

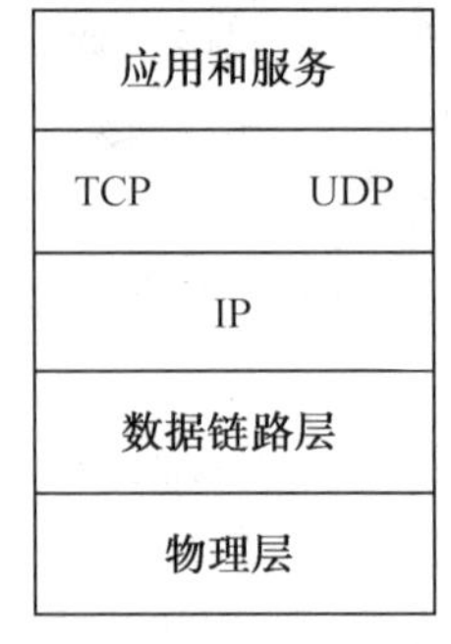

图 8.2　TCP/IP 分层结构

(1)物理层。

物理层包含物理连接、信号格式、调制方式以及卫星通信系统中的上、下行链路。

(2)数据链路层。

数据链路层的功能是将数据按物理层的需要进行打包。例如,物理层使用ATM技术,则将上层数据打包为信元。卫星数字通信中经常采用TDMA,卫星系统就可以利用ATM传输因特网数据,因此数据链路层必须将数据转换成合适的格式来适应物理层的需要。在陆地因特网中,数据链路层将数据转化为帧。数据链路层和物理层紧密相连,有时很难分清两层之间的接口。

(3)网络层。

网络层是IP层,数据包在该层通过路由器之间的传递最终传到目的站点。IP层在通信之前不建立专门的连接,路由器中的IP层必须提供到目标节点的下一跳地址。目的地址和源地址都包含于数据包中的IP头中。IP层不考虑包丢失和乱序的问题,因此IP层是无连接(connectionless)的(在发送数据包之前不建立专门的连接)。上述问题可以由传输层解决。

(4)传输层。

传输层主要有两种协议。一种称为TCP协议,该协议在传输层之间相互传递控制数据流的信息,因此可以调整包的顺序,置换丢失包,并且可以调整包的速率以防止拥塞。早期的因特网中由于业务量较轻,即使在卫星通信中这些问题也能解决,近期因特网飞速发展,业务量急剧增加,因此卫星通信需要特殊的解决方法,这将在下面内容中讨论。TCP层是面向连接(connection—orientcd)的(可以与上面的无连接方式比较),执行该协议时发射机与接收机间需要相互通信。

有些情况下只需要发送一条简单的控制信息就可以实现通信,而不需要复杂的TCP协议,这就提出了另一种传送层协议,即用户数据包协议(User Datagram Protocol,UDP)。UDP与IP类似,提供无连接服务,UDP头中增加了源和目的端应用程序的端口号。

上述包(packet)的概念比较宽泛,各层的包有专门的术语,图8.3所示为数据包有关的术语解释。应用层的包称为数据(data);由TCP头和数据组成的包称为TCP分段(segment);由UDP头和数据组成的包称为UDP消息(message);由IP头、TCP或UDP头和数据组成的包称为IP数据包(datagram);最后,由数据链路帧头、帧尾(用于差错控制)和IP数据包组成的包称为帧。

这里需要注意,之前的定义只在IPv4中适用。在IPv6引入流的概念,因此IP数据包被称为IP包。

下面是一些常用的数据传输单位。

①字节(byte),用符号“B”表示,1 B通常由8 bit组成,但需要注意的是,在计算机术语中,1 B可以不代表8 bit,因此一个8 bit单位称为8位字节(octet)。

②千字节(kilobyte),用符号“kB”表示,1 kB代表1024 B,传输速率可以以千字节每秒(kB/s)作为单位。

③兆字节(megabyte),用符号“MB”表示,1 MB代表1024 kB,传输速率可以以兆字

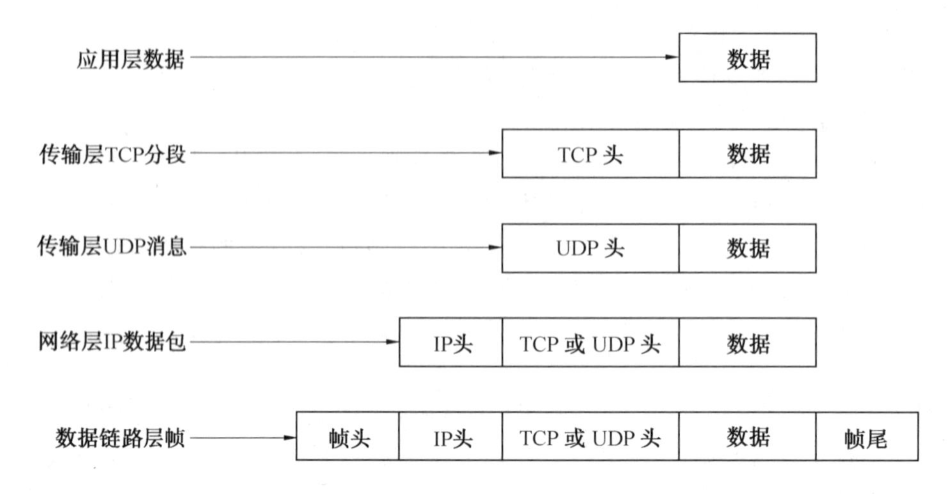

图 8.3　数据包有关的术语解释

节每秒(MB/s)作为单位。

图 8.4 所示为 TCP/IP 协议结构图,Feit(1997)对这些协议有详细描述。本章主要关注卫星通信应用下 TCP/IP 的特殊改进。

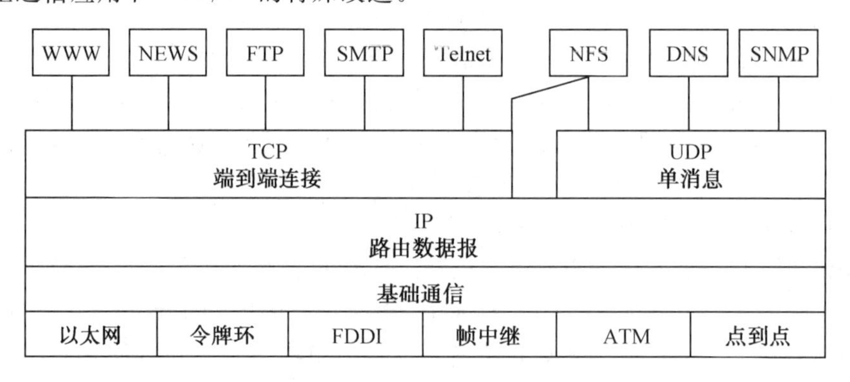

图 8.4　TCP/IP 协议结构图

8.1.3　TCP 链路

网络的对等层之间存在虚拟通信链路(virtual communication link),TCP 的分段头携带了发送端与接收端对等 TCP 层之间的控制信息。当然,所有的通信必须经由其他层最后通过物理层传输,但是只有 TCP 层可以对携带分段头的 TCP 信息起作用,TCP 层之间没有直接的物理通路,因此也被称为虚链接(virtual link)。

发送端与接收端的 TCP 层均设有缓冲寄存器(称为缓存)。接收端在数据进行处理时将正在接收的数据保存入缓存;发送端将待发送的数据保存入缓存,同时还保存已发送数据的备份,直至收到接收端的确认信息,表明已经正确接收信息后,发送端才将备份删除。某一时刻接收窗口(receive window)的大小为接收缓存器的可用空间大小,接收数据处理完成后从缓存器中删除,接收窗口的大小随之不断变化。缓存清空后,接收端 TCP 层向发送端 TCP 层发送确认(acknowledgment)信号(ACK),ACK 信号也用于更新当前接收窗口的大小。

发送端 TCP 层监测已发送但未收到确认信息的数据量，因此可以计算出接收端的剩余可用缓存，该可用缓存表示可发送数据量，称为发送窗口(send window)。发送端 TCP 层还设置一个超时时间段(timeout period)，在该时间段内若没有正确接收 ACK 信号则发送备份信息。在陆地通信网络中，比特误码率很低，网络拥塞(congestion)是 ACK 信号丢失最可能的原因。网络中同时传输多个信息源的信息时，可能出现网络拥塞。TCP/IP协议中的 IP 层在拥塞发生时将包丢弃，因此相应 TCP 层的 ACK 信号也不会被发送。发生拥塞后，发送端将降低重传速率，而不是简单地进行数据重发，这称为拥塞控制(congestion control)。这里引入拥塞窗口(congestion window)的概念，拥塞窗口初始值设置为新连接的一个 TCP 分段的长度。每接收到一个 ACK 都将拥塞窗口加倍直到其达到最大值，最大值由传输失败的 ACK 数目决定。一般情况下，拥塞窗口将增加到和接收窗口同样大小。拥塞窗口一开始增长缓慢，但后期每次翻倍后，增长速度以指数速度进行增长，这种控制机制称为慢启动(slow start)。一旦拥塞发生(接收失败的 ACK 数目不断增加)，发送端将回到慢启动状态。

8.1.4　卫星链路和 TCP

尽管在因特网出现的时候就已经包含了卫星链路，但是随着因特网的快速发展和拥塞控制的引入，卫星链路的缺点日趋明显。需要指出，满足因特网日益增长的服务需求的最好方式是卫星直连到户，目前很多公司都致力于开发这样的系统。在理想的情况下，TCP 层之间的虚链路不受物理链路影响，并且不需要加以调整以适应物理层的特性。下面举出了一些在卫星通信中影响 TCP 性能的因素。

(1)比特误码率(BER)(也称误比特率)。

卫星链路在构建因特网时相对陆地链路而言具有较高的比特误码率。一般来说，不使用差错控制编码的卫星通信链路的误比特率在 10^{-6} 数量级，相对于 TCP 成功传输要求的 10^{-8}(Chotikapong 和 Sun，2000)有一定差距。陆地通信相对较低的误比特率表明了包的丢失主要来自网络拥塞，基于这种假设来设计发送端的 TCP 层。而像卫星通信这种具有较高误比特率的情况，当发生丢包时，TCP 层将默认拥塞一直存在并自动采取拥塞控制措施，因此降低了网络的吞吐量。

(2)往返时间(Round-Trip Time，RTT)。

因特网的往返时间(RTT)是指从发送 TCP 信息段与收到其 ACK 信号之间的时间段。在对地静止卫星系统(GEO)中，往返路径包括，源地球站到卫星，再到目的地球站的路径及其反向回路。地球站到卫星的距离为 40 000 km，因此往返的长度为 $4\times40\ 000=160\ 000$ km，相应的传播时延为 $160\ 000\times103/(3\times108)=0.532$ s。这仅仅是空间传播时延，总的往返时延还需要考虑地面电路传播时延以及信号处理时延。为了进行大规模计算，通常将 RTT 时间用 0.55 s 来替代，发送 TCP 信息段必须等待 RTT 后再接收 ACK，并且在接收到 ACK 前不可以发送新的信息段，这将降低网络的吞吐量。发送 TCP 的超时周期同样基于 RTT，这显然太漫长了。此外，像 Telnet 等实时交互应用程序也不能忍受如此长的时延。

(3)带宽时延乘积(Bandwidth Delay Product，BDP)。

RTT 也用于决定一个重要参数:带宽时延乘积(BDP)。这里的时延是指 RTT,因为发射机必须经过 RTT 时间接收到 ACK 后,才可以发送下一个数据包。带宽和比特率是紧密相连的。在网络术语中,带宽通常用字节每秒来衡量(或者它的倍数),这里 1 B 为 8 bit。例如,一个传输 BPSK 信号并且带宽为 36 MHz 的卫星,它的比特率可以达到 30 Mbit/s,这相当于 3.75×10^6 B/s 或者 3 662 kB/s。如果发射机以该速率发送数据,则在 RTT 是 0.55 s 的情况下,最大的包长度约为 3 662×0.55=2 014 kB,这就是双向卫星信道的 BDP。如果将信道比作管道,那么高 BDP 的信道就是比较粗且长的管道。接收端 TCP 层通过一个 16 bit 的字段来通知发送端它将要使用的接收窗口的长度。这里允许在数据包中使用 1 B 作为包头开销,那么接收窗口允许的最大段长度为 $2^{16}-1=$ 65 535 B,或大约 64 kB(这里 1 kB 相当于 1 024 B)。这远远低于 BDP 规定的 2 014 kB,因此信道远没有被充分利用。

(4)可变往返时间。

在使用 LEO 和 MEO 等低轨道卫星的情况下,传播时延将远远小于 CEO 卫星的时延。典型的 LEO 的斜距不超过几千千米,MEO 为几万千米,这些低轨卫星的问题在于时延抖动,而不是绝对时延大小。由于卫星不是对地静止的,因此斜距会发生变化,连续通信中需要卫星之间相互通信,这也增加了系统的时延和抖动。

8.2 DTN 协议

8.2.1 概述

1998 年,美国国家航空航天局 NASA 的喷气推进实验室(Jet Propulsion Laboratory,JPL)开展对行星际互联网(Interplanetary Internet,IPN)的研究,研究内容主要是在地球以外建立起空间信息网络,完成端对端通信。针对深空通信信道的长传播时延和漫长的链路中断特点,地面通信使用的 TCP/IP 协议已不再适用。在此背景下,延迟/中断可容忍网络(Delay/Disruption-Tolerant Network,DTN)应运而生。

DTN 的延迟容忍性主要体现在对消息的“存储-携带-转发”过程,将原本建立端到端连接并传输数据的方式,转化为由多个中间节点转发的“跳到跳”的传输方式。例如,对于一个由源节点 S、目的节点 D 和其余若干个节点组成的典型 DTN 中,假设其中所有节点都是随机的。在 t_1 时刻,源节点 S 需要向目的节点 D 传递数据,但此时 S 到 D 不存在端到端路径,因此 S 需要将数据传递给与自己存在链接关系(接触)的节点 A,但此时节点 A 也不存在合适的传递机会,于是将数据保存在自己的缓存中,并通过运动等待传递机会的产生。当 t_2 时刻时,节点 A 与节点 B 接触,将数据传递给节点 B。以此类推,经过多轮节点运动和消息传递后,最终将消息传递给目的节点 D,完成传输。

8.2.2 DTN 网络特征

在深空 DTN 网络中实现可靠的文件传输,是一件非常具有挑战性的事情。这是由深空通信环境的一些特点造成的,这些特点可概括如下。

(1)间歇性的链接,频繁中断的链路。

深空环境的数据链路经常受到外界干扰导致链路断开。如不可预测的节点设备故障或是可预测的卫星天体绕行运动等,这些都会导致中断频繁发生。

(2)长网络延迟、高非对称速率比。

与地面通信不同,深空中各通信节点间的距离非常长,导致了通信的时间延迟长达几分钟甚至几十分钟。如地火通信中,单程链路时延可达 3.31 min(火星位于近地点)至 22.29 min(火星位于远地点)。深空通信中,由于发射功率、天线尺寸、信息量等,上行数据传输速率与下行数据传输速率相差悬殊,可高达 1 000 : 1。

(3)高误码率,低信噪比。

深空环境中存在大量的电磁辐射干扰,使传输链路充斥大量噪声、稳定性降低,从而导致高误码率低信噪比的情况。与地面通信中的低误码率不同的是,深空环境中的误码率要高很多(典型区间大约相差 40～50 dB)。

(4)受限的链路带宽。

深空通信链路经常受到太阳风暴、太阳耀斑等因素的干扰,这导致了通信链路产生频繁波动。因此在传输较大的文件时需要考虑链路带宽是否充裕。深空通信链路容量十分有限且带宽也非常低。

(5)节点有限的缓存空间、能量资源。

束协议(Bundle Protocol,BP)的存储转发机制要求节点必须具备足够的缓存空间,需要传输的数据量越大,对节点的缓存空间容量要求越高,否则该节点会因为缓存区溢出而丢失数据。在传输数据的过程中,发送、存储、重传及接收等过程都需要使用能量资源。而在深空通信环境中,节点的能量资源有限且一般很难及时得到补充。

8.2.3　DTN 架构和特性

网络的对等层之间存在虚拟通信链路(virtual communication link),TCP 的分段头携带了发送端与接收端对等 TCP 层之间的控制信息。当然,所有的通信必须经由其他层最后通过物理层传输,但是只有 TCP 层可以对携带分段头的 TCP 信息起作用,TCP 层之间没有直接的物理通路,因此也被称为虚链接(virtual link)。DTN 体系结构的实例如图 8.5 所示。

基于 DTN 的架构在传输或其他下层协议的上层引入新的覆盖协议。在该协议中,可在发送方和目的地之间的路径中的每个 DTN“跳”来进行延迟或中断处理。路径上的节点可在将应用数据转发到路径上的下一节点之前,为其提供应用数据所必需的临时存储。如自动重复请求(ARQ)方案中的任何所需重传均可来自中间节点,并在发送方和地之间不需要建立端到端连接。因此,DTN 架构的协议不同于 TCP 协议或其他标准因特网协议,DTN 架构协议的主要好处是它们不需要为了应用数据的可靠传输而建立同时发生的端到端连接。束协议(BP)被设计为 DTN 架构的一种实现方案,并且是迄今为止最广泛使用的 DTN 协议。BP 中数据的基本单元是“束”,“束”中携带应用层协议数据单元(Application Protocol Data Unit,APDU)。同时发送方和目的地名称,以及端对端传送所需的任何附加数据消息都包含在“束”中。

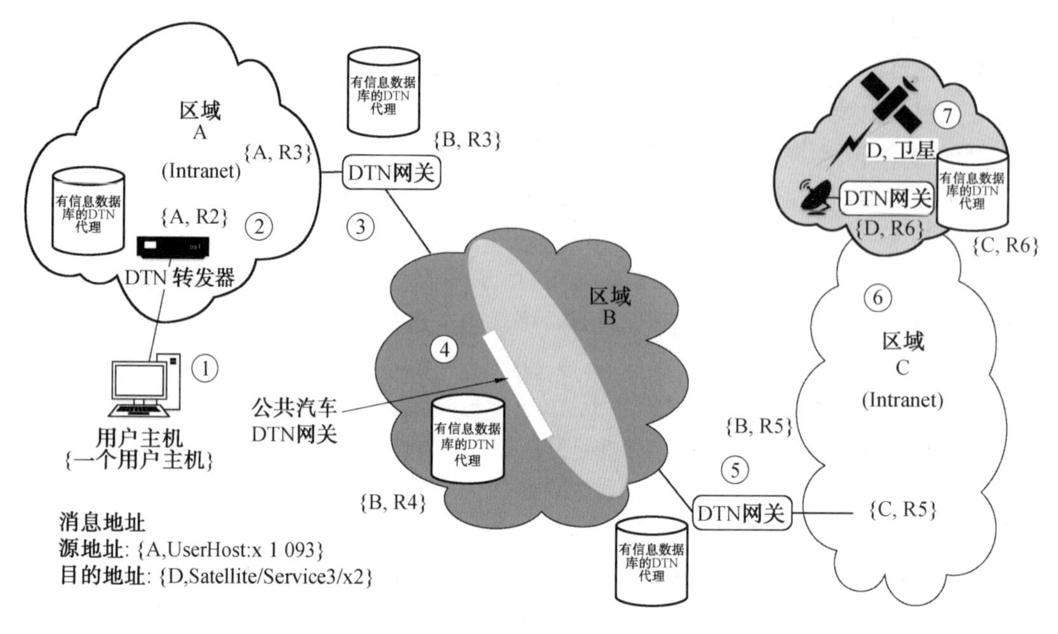

图 8.5　DTN 体系结构的实例

BP 可以通过汇聚层适配器(Convergence Layer Adapte,CLA)与不同的低层协议相连接(通常是传输层),DTN 架构及协议分层如图 8.6 所示。目前已定义了多种 CLA,包括应用于 TCP、UDP 之上的 Licklider 传输协议(Licklider Transmission Protocol,LTP)。额外的 CLA 协议包括 NORM、DCCP、蓝牙和原始以太网已经在最常用的开源 BP 中实现(被称为 DTN2)。利用 BP,路径上的每个 DTN 节点可以使用任何适用于下一跳转发操作的 CLA。

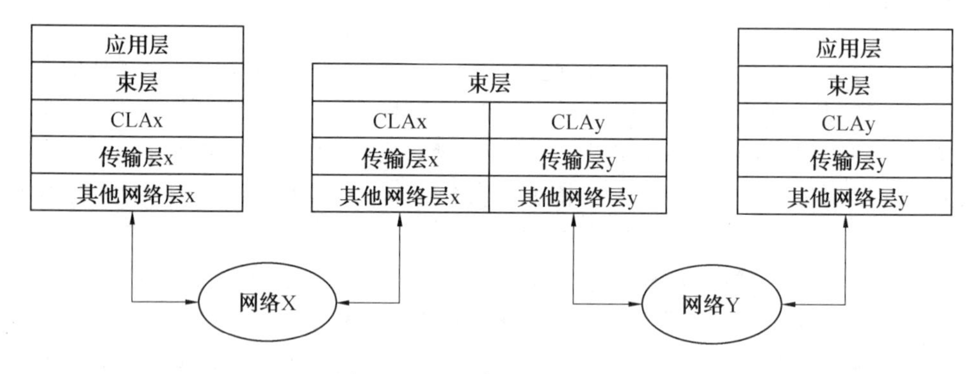

图 8.6　DTN 架构及协议分层

与基于 TCP/IP 协议的传统网络相比,DTN 架构具有许多新颖的特性。

(1)DTN 上层设计。

虽然 TCP 协议不一定被替换,但其作用也发生了变化。具体而言,DTN 架构适合作为顶层覆盖,用于不同网络段组成的异构网络之间的互联互通(诸如无线传感器/自组织网络、有线因特网、无线局域网(LAN)、卫星链路等)。通过在同构段边界处的端点或节点上安装束协议代理(BPA),端到端路径可划分为多个 DTN 跳。在每个 DTN 跳上,可

用不同的 CLA，或采用一种常见的方式，即在入站和出站跳的“束”中使用相同的 CLA，那么可用相同协议的不同变体（如 TCP 的变体）。DTN 多跳架构可以被看作是 TCP 分段概念的通用化而广泛使用在卫星性能增强代理（Performance Enhancing Proxies，PEPS）中。

（2）中间节点的信息存储。

信息是否在中间节点长时间存储是将 DTN 架构与 PEPS 区分开来的主要方式。在 PEPS 中，存储了一些信息分段，但该储存方式是临时的，并且其目的在于使输入与输出信息分段的数据流同步。相反，当“束”（“束”通常大于分段）可在中间节点存储较长的时间，并且当保管功能被启用时，该“束”可以被保存在永久存储器中，如本地硬盘。这使得 DTN 在崩溃、连接中断和临时节点失效（如重新启动）等情况下鲁棒性更好。另一方面，网络内“束”存储引起的存储器拥塞问题仍然需要解决。虽然 BP 提供一些例如“过期”的控制，从而使得过期的“束”可最终从网络内的存储中删除，但是仍然可能存在某个节点没有足够的可用存储空间的情况，采用通用或可扩展的方式来处理这种情况。

（3）保管重传。

在一些 DTN 使用情况下，“束”的原始发送者将永远不会有机会重新发送应用数据，如由于远离网络，或者出于功率管理的原因（如果发送者被关闭直到该包过期）。为了处理这个问题，BP 支持一个节点“保管”的概念，这实质上意味着保管节点承担所有的数据重传需求。通过这种方式，即使发送方不再连接到网络也可使“束”重传，这样可处理网络中链路中断情况。将保管节点定位在容易中断的链接附近可大大减少总延迟。在 BP 中，发送节点可通过在“束”包头中做相应的标识来请求路径上的其他节点进行“束”保管。当节点接受保管时，上一个节点不再需要保留“束”包的副本，那么当前节点会发送信息给上一个保管节点（也在“束”包头中标识），以便上一个保管节点可释放存储。

（4）主动和被动式分段束。

BP 的一个特征是可能产生分段束。DTN 架构和 BP 定义了两种类型的分段，包括主动式和被动式。主动式分段束主要被设计用来处理间歇周期性连接，其中，一个 DTN 跳在每个可用时间窗口（接触时间）上可传送的数据量（接触容量）是有限的。在主动式分段束中，接触容量作为先验知识是已知的，如在 LEO 中和在深空通信中，主动式分段束允许长度较大的“束”根据先验知识分割成与接触容量相符合的多个片段来进行传输。相比之下，被动式分段工作方式主要适用的情况是当一个分段束在传输过程中被中断。为了不重传已经成功接收的数据，将发射的“束”进一步分割成两个“片段”，第 1 个包含已经发送的数据，第 2 个包含剩余数据。在链路重建时，仅传输第 2 个片段。“束”片段被视为普通“束”，并可能是连续的片段。由于片段是“束”，它们可彼此独立地进行路由。当出现相对频繁的干扰时，如卫星在与移动终端的通信过程中，当障碍物（建筑物、隧道等）阻止卫星信号接收以及当要发送较大的“束”时，被动式分段会起到很重要的作用。主动和被动式分段都是 DTN 的主要功能。

（5）延迟束。

在 BP 中，源和目的地用终端标识符（Endpoint Identifier，EID）来命名，并且命名方式在语法上表示为统一资源标识符（Uniform Rrsource Identifier，URI）。BP 中没有地

址的概念,BP 路由仅基于 EID 来实现。CLA 同时利用了名称和地址来进行路由,如 TCP CLA 可用域名系统(DNS)来查找 IP 地址以建立联系,但是 BP 本身不直接使用 IP 地址。BP 允许被称为“后期绑定”的方式,如对于一个包括 DNS 域名的目的地 EID,只有最终 DTN 跳的节点中的 CLA 才可能需要将该 DNS 域名解析为 IP 地址,针对其他 DTN 跳的节点可仅以名称为基础来进行路由。这种“后期绑定”的方式可以辅助某些节点来访问由 DNS 架构提供的基础设施的网络。

8.3 SCPS 协议

针对卫星通信网络环境特点,美国航空航天局喷气动力实验室和国际空间数据系统咨询委员会共同研究制定了一套空间通信协议标准(Space Communication Protocol Specification,SCPS)协议。SCPS 协议为空间的数据通信系统提供了一个标准,使空间通信设备可以方便地进行连接,提高系统的复用性。SCPS 协议族主要包括网络协议(Space Communication Protocol Specification Network Protocol,SCPS—NP)、安全协议(Space Communication Protocol Specification Security Protocol,SCPS—SP)、传输协议(Space Communication Protocol Specification Transmission Protocol,SCPS—TP)和文件协议(Space Communication Protocol Specification File Protocol,SCPS—FP)四部分,SCPS 协议是以目前广泛使用的 TCP/IP 协议体系为模型,并根据空间网络特性以及空间通信需求对 TCP/IP 协议进行了适当修改和扩充。

8.3.1 SCPS 协议体系结构介绍

图 8.7 所示为 SCPS 协议与 TCP/IP 协议栈在开放系统互联(Open System Interconnection,OSI)模型中的关系。

1. SCPS—FP 协议

SCPS—FP 作为卫星通信网络中的文件协议,在进行数据传输时将要发送的数据信息进行分段处理,其作用和 FTP 相似。在 SCPS—FP 设计初期,研究人员将因特网中的文件传输协议和空间文件传输协议作为底层设计的参考,由于因特网中的文件传输协议能够对大文件信息进行处理并且操作简单,因此将地面网络传输协议 FTP 作为底层设计的参考,并且 SCPS—FP 协议中包含了 FTP 协议的大部分功能。针对卫星通信网络环境特点以及星间节点设备硬件条件的限制,对原始的 SCPS—FP 协议功能进行了部分改进,增加了文件传输中断保护功能,在通信连接恢复之后文件能够继续传输;在文件传输的过程中用户可以随时选择终止传输或者继续传输;还增加了对传输数据的安全检测功能,在传输的过程中为中断之后的文件传输提供安全可靠的连接;当需要对已传输的文件进行更新时,不必重传整个文件只要将需要更新的部分重新发送即可。上述改进的功能给卫星通信网络中文件传输带来了极大便利。

2. SCPS—TP 协议

SCPS—TP 作为卫星通信网络传输层协议,它是针对卫星通信网络环境特点在传统

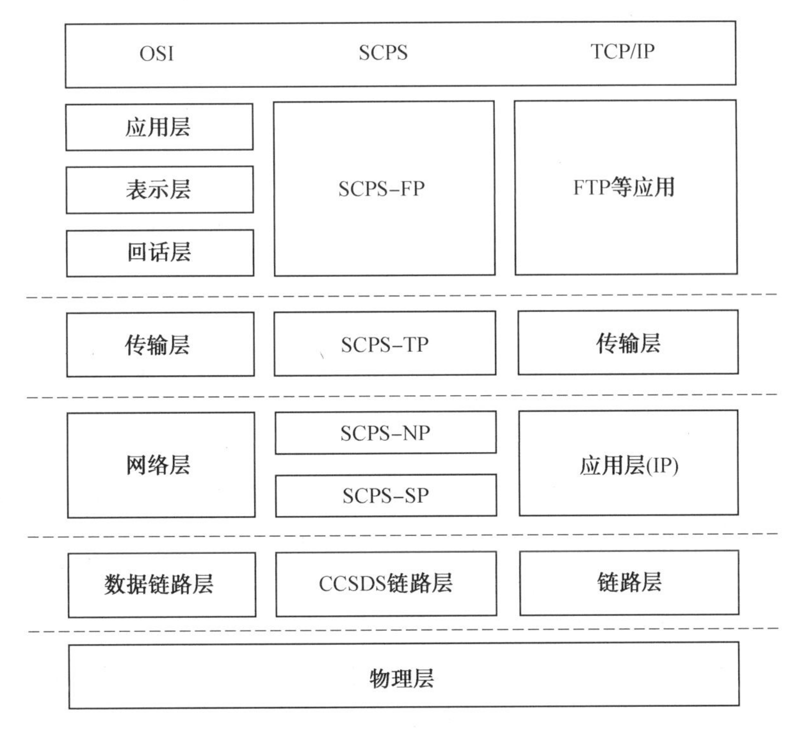

图 8.7　SCPS 协议与 TCP/IP 协议栈在 OSI 模型中的关系

地面通信网络传输协议 TCP 基础上进行改进之后得到的，它提供面向连接的、可靠的字节流传输服务。由于卫星通信是一种无线通信方式，因此 SCPS－TP 协议能够实现广播数据传输，还能够对多点接入方式进行优先级设置。与地面有线通信网络的 TCP 和 UDP 协议相比，SCPS－TP 协议也进行了改进，包括通过记录数据传输的往返时延来控制拥塞窗口的调整代替原来的差错控制方式；在反向链路中增加 SNACK 选项对数据包进行确认；对包头进行压缩处理减小数据传输开销；在拥塞避免阶段使用一种全新的拥塞控制机制，将链路中的拥塞情况也当成一种控制信号，从而在一定程度上降低了数据包丢失的概率；SCPS－TP 中没有重传定时器，也不在传输数据之前通过三次握手建立连接。

3. SCPS－NP 协议

SCPS 体系结构与地面因特网体系结构一样，自上而下都是应用层、传输层、网络层、数据链路层和物理层，其中每一层都由若干个协议组成。由于 SCPS 协议主要针对网络层和传输层进行了相应改进，而网络层是研究传输层的基础，因此首先介绍 SCPS－NP 协议。SCPS－NP 是一种新型结构的空间网络层协议，它的作用与传统 Internet 中的 IP 协议类似。SCPS－NP 协议数据单元通过空间数据链路协议进行传输，其功能和因特网中的 IP 协议类似但也存在一些区别。SCPS－NP 允许最大数据段长度为 8 196 bit，但是不能对数据进行分段处理；SCPS－NP 不仅支持各种传输协议，而且还支持 16 种相互独立的不同优先级的服务类型；SCPS－NP 的 SCMP 除了包括 ICMP 的功能外还增加了适合卫星通信网络数据传输的命令。SCPS－NP 协议提供简洁的地址表示方法，还能为不在同一组网的客户端提供最优路径选择。SCPS－NP 协议为了减少通信链路数据传输的

开销将包头进行压缩处理，提高了卫星网络带宽资源利用率。另外SCPS－NP还提供了可供选择的路由方案和灵活高效的路由表维护方案，对于卫星通信网络拓扑结构动态变化的特点具有良好的适应性。但是SCPS－NP还存在一些不足，它不支持与IPv4或者IPv6具有互操作性，如果将基于SCPS－NP的网络与基于IPv4或者IPv6的网络互连，那么必须将SCPS－NP的头转换成IPv4或IPv6，这种转换肯定会使得协议的部分功能失效。

4. SCPS－SP 协议

在SCPS协议族中，SCPS－SP协议是空间安全协议(Security Protocol，SP)，其功能和IPsec协议类似。SCPS－SP协议考虑到空间网络环境特点与地面通信环境之间的差异，对IPsec进行了相应改进，SCPS－SP协议为端到端的数据提供安全保护、完整性和认证服务。SCPS－SP基本工作方式是将传输层发送过来的数据经过一系列加密处理变成安全的数据单元，还可以根据不同需求对传输的数据进行不同安全等级的加密。SCPS－SP追求最优比特率，希望以最小的通信开销给数据提供最好的保护，它的优势主要体现在通信资源受到严重限制的卫星通信网络中。SCPS－SP的结构如图8.8所示。

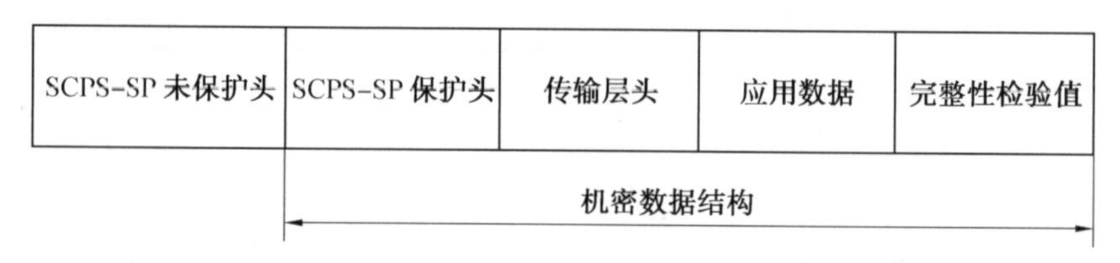

图8.8　SCPS－SP结构

SCPS－SP借鉴因特网中的IPsec数据保护机制，为了将传输的数据封装成安全报文(Security-Protocol Data Unit，S－PDU)，在对数据加密的过程中需要对传输的数据进行完整性检测(Integrity Check Value，ICV)，这样才能保证数据在信道实现安全传输。包装层实现安全机制的概念如图8.9所示，包主头是一个不需要加密的明文，需要注意的是SCPS－SP对数据的鉴别也需要用到数据的加密和完整性检测机制。

包主头	应用数据	数据签名或ICV
不加密	加密	

图8.9　包装层实现安全机制的概念

SCPS－SP协议中数据单元包括，明文头、保护头、用户数据和完整性检验四部分，SCPS－SP协议数据单元帧格式如图8.10所示。

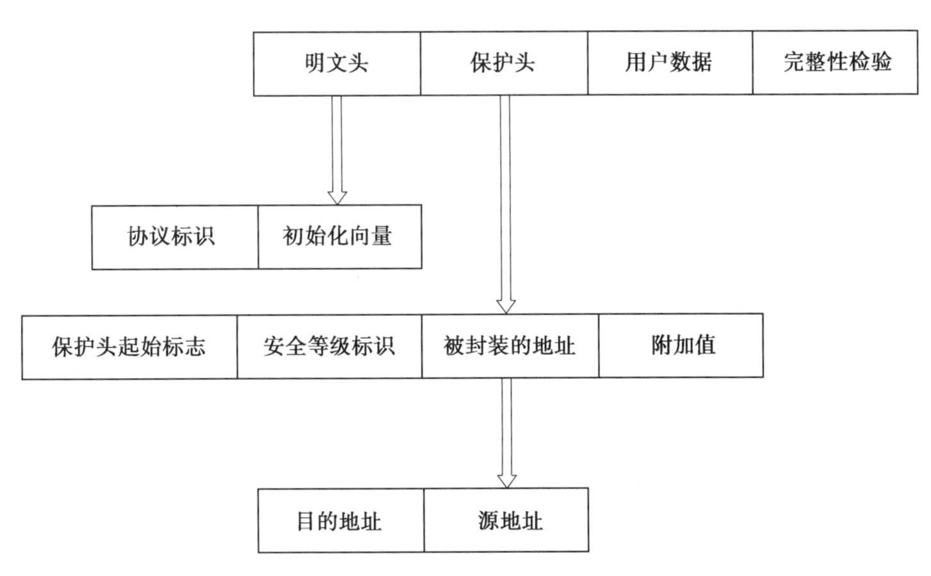

图 8.10　SCPS－SP 协议数据单元帧格式

近些年虽然研究人员对 SCPS－SP 不断进行研究和改进，但其还是存在一些不足：①在拓扑结构不断变化的卫星通信网络中，数据在星间节点进行传输时会涉及中继通信，此时恶意第三方可能在中继设备上对传输的数据进行身份认证的破坏，对目的节点进行重放攻击；②虽然 SCPS－SP 协议中也定义安全等级的概念，但是没有给出具体的使用标准，所以对于安全等级的概念没有得到具体的体现。

8.3.2　SCPS－TP 协议与 TCP 协议的比较和分析

传统 TCP 协议是可靠的端到端数据传输控制协议，具有高效性和安全性是地面互联网中发展最成熟的协议之一。将 TCP 协议直接应用到卫星通信网络中是一个比较简单的办法，但是由于卫星通信网络环境具有高误码率，传输延时长，上、下行链路带宽不对称等特性，因此 TCP 协议不能发挥其良好的性能。

为了解决以下问题，科研人员以 TCP 协议为参考模型提出了适合卫星通信网络的空间传输协议 SCPS－TP，其中特别针对影响卫星网络传输效率的几个因素进行相应改进。经过试验验证了改进后的 SCPS－TP 协议更加适合在卫星通信网络中使用，并且具有非常好的传输性能。

1. 链路拥塞控制机制

在地面通信网络中 TCP 协议的稳定性和可靠性使数据在传输的过程中几乎不会发生数据包丢失现象，而且在有线传输网络中带宽资源利用率很高，并且采用反向确认的方式对拥塞窗口进行控制。但是这种拥塞窗口调整方式没有考虑到反向链路发生拥塞的情况，只有当发送端收到重复确认时才会将拥塞窗口进行减半处理。在卫星网络中，上、下行链路带宽不对称反向链路很容易发生拥塞，导致正向链路拥塞窗口调整不及时，因此 TCP 协议的拥塞控制方式在卫星网络中不再适用。TCP Vegas 算法使用数据传输往返延时 RTT 作为拥塞窗口控制的依据，通信链路如果出现拥塞现象会导致传输的数据包

延时到达，通信链路中排队的数据包数量也会增加，Vegas 算法会根据 diff 的变化情况对拥塞窗口进行调整，不会让拥塞窗口一直增加以至于达到极限才进行减半处理。

2. 通信中断处理方式

数据在传输过程中发生链路中断，产生这种问题的原因很多。有可能是卫星网络拓扑结构发生了变化，导致中间节点出现连接中断或者卫星节点随着地球自转的过程中与地面站的视野范围暂时性脱离，还有其他原因等都会导致地面站和卫星节点之间无法进行通信。在卫星网络传输 SCPS－TP 协议中，对通信中断的处理分为四个步骤。当卫星节点与地面站建立通信连接之后，通信双方会开启信号持续检测模式，通过对信号强度的检测可以判断出链路是正常通信还是发生了中断。当检测到的信号强度低于某个值时会认为此时通信链路发生了中断，不能继续进行数据传输并需要对中断进行处理，链路一旦发生中断就会发出 ICMP 信息并通过业务流进行消息触发。然后数据发送端会一直发送测试数据包对中断进行检测，直到收到异常数据包时退出检测模式，接着重新建立通信连接并根据包头中的信息确认数据包开始发送的位置。

3. 链路带宽不对称问题

在地面通信网络中，正、反向链路带宽是相等的，因此 TCP 协议对信息的确认接收端采用每到达一个数据就给发送端返回一个确认。但是对于卫星通信网络，空间通信环境的特点以及空间通信设备为限制，使卫星上、下行链路带宽极其不对称。由卫星节点到地面站之间的链路为下行链路，其链路带宽明显大于上行链路的带宽。由于卫星通信网络环境误码率较高，TCP 协议中采用的累计确认方式是对收到的每个数据包都进行确认，这会给带宽较窄的反向链路增加链路负担。由于正、反向链路带宽差距较大，当在带宽较大的正向链路中传输大量数据包时，数据接收端会产生大量确认数据分组 ACK，这时反向链路很可能发生链路拥塞，针对这种情况 SCPS－TP 协议不再使用每收到一个数据包就对其进行确认的方式。当接收端收到乱序的数据包时，SCPS－TP 接收端会对这些数据进行延时确认。

当反向链路中确认数据分组发生拥塞时，TCP 协议的拥塞控制机制会将拥塞窗口进行减半处理以降低正向链路数据包发送频率，来缓解反向链路的拥塞情况。这种方式确实能够减少反向链路发生拥塞的可能，但是整个通信网络的吞吐量会降低。SCPS－TP 协议在发生上述情况时不会降低反向链路确认分组的发送频率，而是采用 SNACK 选项机制。另外一种解决链路带宽不对称的方法就是对包头进行压缩处理。

4. 数据丢失处理方法

TCP 协议通常根据累计确认的方式检测数据包是否丢失，当发现数据包丢失时采用数据重传。如果链路发生大量数据包丢失，那么反向链路也会产生很多确认数据包，从而导致反向链路发生拥塞，使正向链路吞吐量降低。而在 SCPS－TP 协议中采用 SNACK 确认方式对未收到的数据包进行确认，SNACK 选项中能够携带多个丢失的数据包信息，与 TCP 协议的累计确认方式相比，该机制减少接收端发送确认分组的数量以及发送频率，从而使反向链路能够保持畅通状态，避免对正向链路产生影响。

8.4　CCSDS 协议

空间数据系统咨询委员会(CCSDS)是一个国际性空间组织,成立于 1982 年,主要负责开发和采纳适合于空间通信和数据处理系统的各种通信协议和数据处理规范。经过接近 40 年的发展,CCSDS 已经发展成为该领域事实上的标准化组织,所开发的标准得到广泛认可与应用。到目前为止,该组织共有 11 个正式会员,分别是意大利航天局(Agenzia Spaziale Italiana,ASI)、英国航天局(United Kingdom Space Agency,UKSA)、加拿大空间局(Canadian Space Agency,CSA)、法国国家空间研究中心(Centre National d'Etudes Spatiales,CNES)、德国航空航天中心(Deutsche Zentrum für Luft-und Raumfahrt,DLR)、欧洲空间局(European Space Agency,ESA)、巴西国家太空研究院(Instituto Nacional de Pesquisas Espaciais,INPE)、美国国家航空航天局(National Aeronautics and Space Administration, NASA)、日本宇宙航空研究开发机构(Japan Aerospace Exploration Agency, JAXA)、俄罗斯联邦航天局(State Space Corporation, ROSCOSMOS)、中国国家航天局(China National Space Administration,CNSA)。

CCSDS 有 8 类文档,具体如下:①蓝皮书(Blue Books,建议的标准)是经批准的正式建议书,建议书内容在未做新的修改之前,各会员国要遵照执行,蓝皮书是正式的标准并包含所有的细节,能够直接、独立地应用于互操作系统;②洋红皮书(Magenta Books,建议的实践活动)是有关实践活动的规范,但不能直接应用于互操作,主要包括一些参考结构、应用编程接口、操作实践等;③绿皮书(Green Books,信息文档)不是标准,是蓝皮书和洋红皮书的基础文件,对适用性、整体结构和操作概念进行描述;④红皮书(Red Books,建议书/建议的实践活动草案)是在机构间评审的未来的蓝皮书/洋红皮书的草稿,使用红皮书的时候要谨慎,因为在正式发布之前还可能有更改;⑤橙皮书(Orange Books,试验性规范)是前沿试验性技术的规范,但是还未经足够的机构同意成为标准;⑥黄皮书(Yellow Books,管理性文件)是 CCSDS 的规章制度、程序文件、测试报告等;⑦银皮书(Silver Books,历史文档)是未通过的和过期的文档,可在现有实施或解决遗留问题需要时作为支撑材料;⑧粉皮书(Pink Books,用于评审的草稿版本)是蓝皮书或洋红皮书的原始草稿版本,用于提供给各机构评审。

8.4.1　CCSDS 专业领域基本情况

CCSDS 包括空间系统领域、空间信息学领域和空间信息通信领域 3 个技术领域,并进一步分为 6 个专业方向,每个专业方向都下设多个工作组或兴趣组,CCSDS 的专业领域构成如图 8.11 所示。工作组及兴趣组根据标准化工作项目的立项与结束而动态建立和解散。

(1)系统工程域。

系统工程域负责空间任务的通信、操作以及交互支持的总体结构设计;就与体系结构有关的选择与其他域进行协调与合作;评估所有域的工作项目与所规定体系结构的一致性,是协调 CCSDS 各专业领域的"总体"。

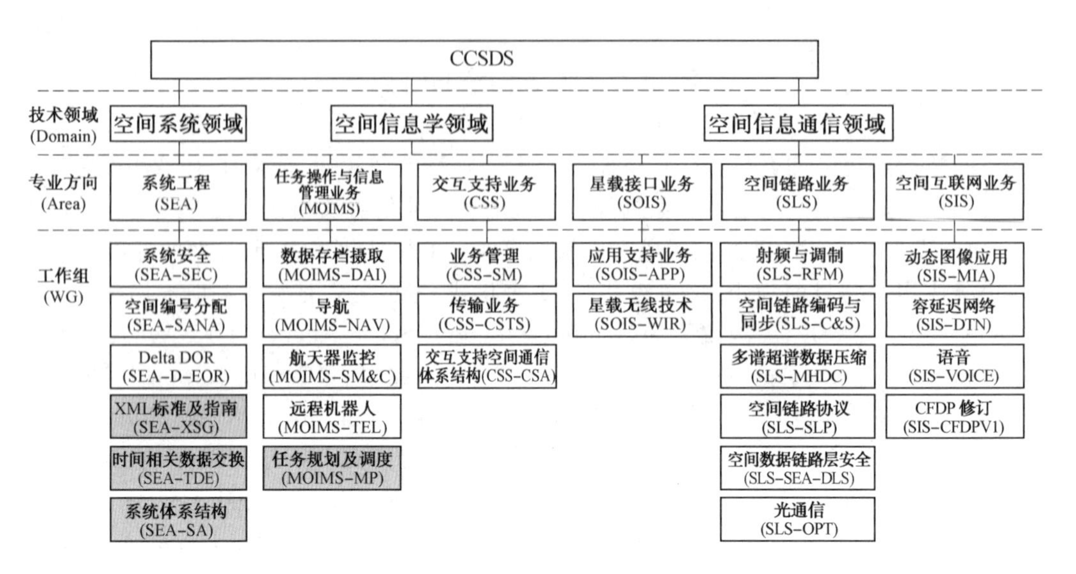

图 8.11　CCSDS 的专业领域构成

(2)任务操作与信息管理业务域。

任务操作与信息管理业务域负责研究进行航天器操作、地面系统操作所需的应用过程及其信息管理标准,实现任务操作信息在“任务操作”系统与“任务应用”系统之间的顺利流转。主要涉及天地之间的操作,以及地面设施之间操作信息和导航信息的交换与共享。

(3)交互支持业务域。

交互支持业务域负责研究空间网络资源共享问题,以实现交互支持,包括在不同的交互支持接口需要实现哪些业务,以及如何识别、调度和使用这些业务。目前,其工作主要集中在地面资源(尤其是地面站)交互支持,规定了遥测、遥控以及数传业务在地面段的传输,以及相应的管理配置业务。

(4)星载接口业务域。

星载接口业务域负责研究用于航天器内部的软、硬件通用接口业务,以简化飞行软件和硬件协同工作方式,通过提高软、硬件的互操作性和可重用性来提高星载设备开发及航天器总体集成的工作效率,降低开发和集成成本。

(5)空间链路业务域。

空间链路业务域负责开发空间链路通信系统(包括星地链路、星间链路)中物理层和数据链路层技术,用于端到端传输的数据压缩技术,以及用于定轨的测距技术。

(6)空间互联网业务域。

空间互联网业务域负责研究各种网络环境中的通信服务与协议,包括航天器与地基资源之间,航天器之间,航天器与着陆单元之间,以及复杂航天器内部网络环境。该业务域所关注的通信服务与协议独立于具体的链路技术和应用过程,主要涉及开放系统互联(OSI)参考模型中的网络层、传输层及应用层。

8.4.2　CCSDS 的技术发展

CCSDS 的早期工作主要集中在空间链路(尤其是星地链路)的射频与调制、信道编码以及空间数据链路协议。CCSDS 提出了虚拟信道、分包等先进的技术理念,相比传统的脉冲编码调制(PCM)体制,为空间数据系统的设计提供了更好的灵活性,为提高动态、多用户空间信息传输效率提供了可能。经过 30 余年的发展,CCSDS 的技术领域逐步向天、向地延伸,并关注天地一体化、网络化。传统的空间链路领域也在随着任务需求和技术进步不断发展。

1. 向天的延伸

CCSDS 虽然规定了统一的星地数据传输协议,但航天器内部软、硬件接口开发往往以任务为导向,不同任务之间星载软、硬件缺乏可重用性和可移植性。为解决上述问题,星载接口业务域进行了通用星载接口业务的开发工作,并提出了参考通信模型,具体如图 8.12 所示。通过采用分层方式实现了应用软件与硬件设备的重用性,在应用支持层规定各类空间任务通用功能及与具体通信方式无关的应用层功能,以实现应用软件的重用性;在子网层规定对传输介质进行访问和利用的功能,使用相同数据链路协议的硬件设备可直接重用,如需改变数据链路协议,可通过子网协议转换来实现对原有设备的重用。通过对子网层与应用层的标准化,实现跨子网应用之间的互操作性。

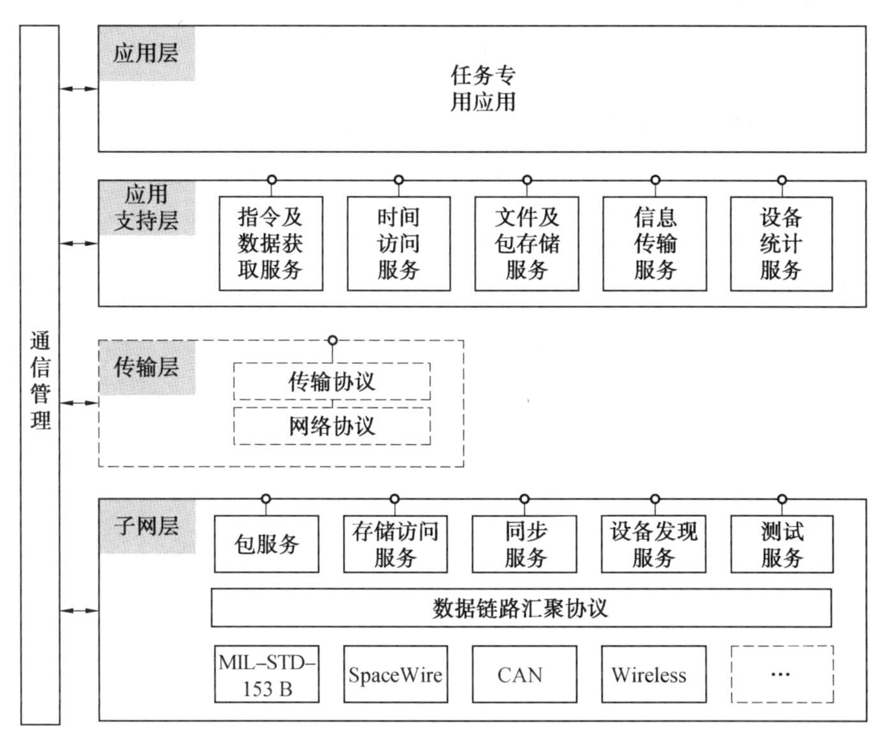

图 8.12　星载接口业务参考通信模型

2. 向地的延伸

为了在空间机构之间共享地面资源，除了在星地之间采用统一标准，还需要在地面段处理好以下环节。

(1) 遥测、遥控、数传信息的地面传输。交互支持业务域已经开发了相关的交互支持传输业务和交互支持管理业务。交互支持传输业务基于 TCP/IP 协议实现，根据传输方向(如前向、反向)和交互支持接口(如传送帧、虚拟信道帧、包等)分为多个具体业务。

(2)导航类信息地面传输。任务操作与信息管理业务域制定了针对轨道、导航、姿态、碰撞等数据信息格式的规范性建议书(CCSDS502/503/504/508 系列)。所规定格式较适合于文件传输。早期版本采用基于关键字的格式。由于可扩展标记语言(XML)格式便于计算机自动处理又兼顾人工阅读，且独立于计算机平台和软件实现，后续版本增加了 XML 格式。

此外，在航天器设计、研制及运行的各个阶段，需要在航天工程的多个参与方之间交换航天器遥测遥控信息的定义，例如遥测参数名称、含义、表示方法、取值范围和处理方法等。为此，任务操作与信息管理业务域制定了基于 XML 的遥测、遥控信息交换标准(CCSDS660.0—B—1)来提高交换效率。

3. 天地一体化

目前，航天器软件开发与地面系统软件开发之间相互独立进行，两者之间主要靠接口控制文件来约束。当需要研制新的任务软件系统时，地面段和空间段各自基于以往任务的经验和技术状态进行设计。在这种模式下，地面段与空间段的软件开发相互割裂；虽然各个任务可能会需要类似的服务，但这些服务的定义方式以及技术实现方式不同，在任务之间缺乏可重用性。为了解决上述问题，任务操作与信息管理业务域开发了任务操作业务。其主要思想是将空间任务系统看作是由地面软、硬件单元和在轨软、硬件单元组成的分布式系统。地基软件和在轨软件有很强的相关性，从广义角度可以将其看作是一个分布式软件应用的两大组成部分。遵循面向服务的体系结构(Service-Oriented Architecture，SOA)设计理念，CCSDS 开发了任务操作(Mission Operition，MO)服务框架概念，定义了用于两个不同实体之间的交互模型，以及通用服务框架，如图 8.13 所示。目前已经出版了任务操作参考模型、消息抽象层、通用对象模型的建议书(CCSDS520/521/523 系列)，法国国家空间研究中心(CNES)，德国航空航天中心(DLR)和欧洲空间局(ESA)开发了相关原型系统。任务操作的设计原则已在国外地面系统设施建设以及空间任务中开始得到应用，包括 CNES 的空间创新标准倡导(ISIS)项目，ESA 的欧洲地面系统一通用核心(EGS—CC)项目，ESA 使用“国际空间站”开展空间人机操作验证试验的多目标端到端自动化操作网络(Multi-objective end-to-end automated Operation Network，METERON)项目等。

4. 网络化

CCSDS 从 20 世纪 90 年代末就开始空间互联网相关标准开发，先后制定空间通信协议规范(SCPS)系列规范、下一代空间互联网(Next Generation Space Internet，NGSI)，在 CCSDS 空间链路协议之上承载 IP(IPoC)建议书，太阳系互联网(SSI)体系结构报告，并

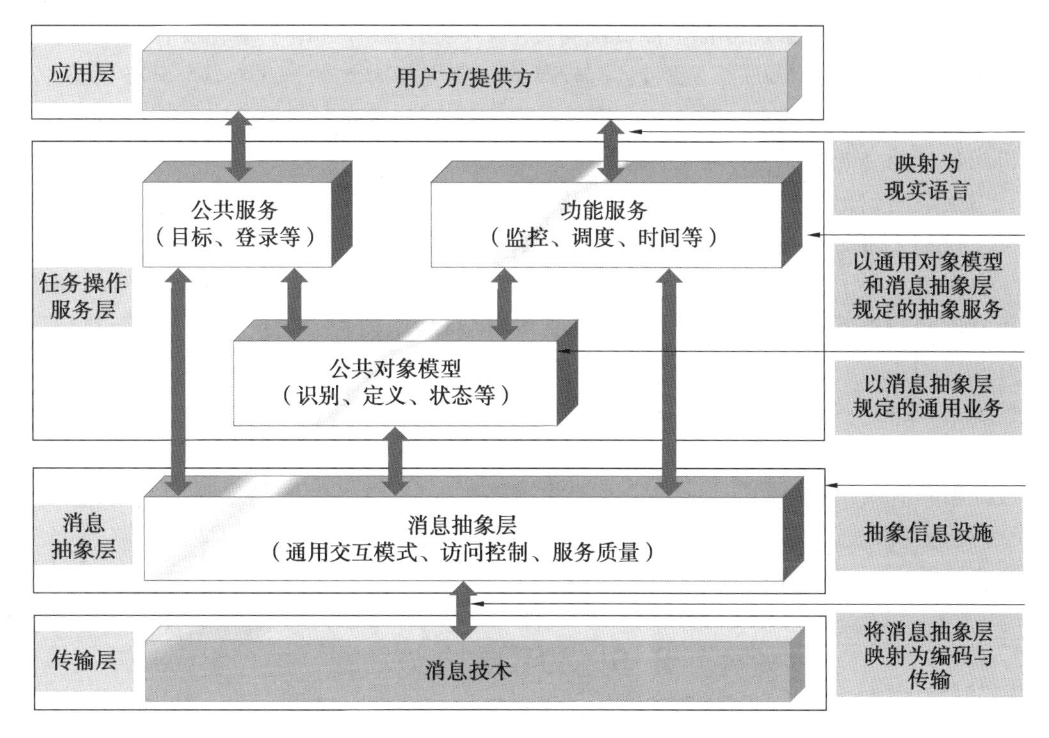

图 8.13　CCSDS 任务操作通用服务框架概念

正在开展容迟网络(DTN)标准项目的研究。

早期开发的空间通信协议规范借鉴了地面 IP 协议族的思想，针对空间通信环境进行了适应性改进。下一代空间互联网则在数据链路层沿用 CCSDS 建议，在网络层采用 IP 及其扩展技术，如资源预留协议(Resorce reSerVation Protocol，RSVP)，移动 IP 等。由于缺乏工程实际需求、未得到广泛应用，除了空间通信协议规范一传输协议(SCPS－TP)外，其他空间通信协议规范建议书以及下一代空间互联网建议书已废止。

在地球周围网络、行星表面及其周围网络应用 IP 协议可以充分利用已有基于 IP 的软、硬件实现上层服务，多舱段在轨组网和有人参与的空间站为典型需求案例。2012 年 CCSDS 出版了 IPoC 建议书(CCSDS702.1－B－1)，以解决在现有 CCSDS 空间链路协议之上承载 IP 的问题。该建议书规定 IP 通过封装业务实现对各类 CCSDS 空间链路协议的使用。考虑到 IP 有多种版本及导头压缩方式(如 IPv4、IPv6、UDP/IP、TCP/IP 导头压缩等)，除通过封装包协议标识将 IP 类协议与其他协议区分开外，还进一步通过 IP 扩展(IPE)标识区分 IP 子协议。该建议书仅规定协议格式和封装过程，对于在空间网络中使用 IP 的路由、安全以及服务质量问题并未涉及。但该建议书不禁止将 IP 用作网络互联协议。在地面段，可沿用 CCSDS 空间链路扩展协议，也可基于 IP 实现空间段与地面段的网络互联。

8.4.3　总结与建议

CCSDS 一个重要的标准化理念是，新技术的标准化工作应在对该技术有实际需求的工程开展之前完成。只有这样，当工程项目立项时，才可能采纳新标准。因此，CCSDS 对

潜在的任务新需求和新技术有非常敏锐的反应，其所开展的工作一定程度代表了技术发展方向，并且与工程实践联系紧密，具有较高的权威性与时效性。此外，CCSDS 还很重视所制定建议书的可实现性。按照 CCSDS 章程，蓝皮书（规范性建议书）只有经过两家以上机构各自独立开发原型系统，并通过互操作测试之后才能正式发布。

中国空间数据系统领域的相关单位及专家对 CCSDS 的工作及建议书一直给予很高的关注，在 CCSDS 1982 年召开的第一次会议上，中国空间技术研究院的专家代表中国参加了会议。20 世纪 80 年代末，中国空间技术研究院成为中国首个 CCSDS 观察员组织。每年春季和秋季 CCSDS 均召开管理组和技术组会议，中国相关单位开展了 CCSDS 标准研究及应用工作，并定期派代表参会，了解 CCSDS 工作及相关建议书进展情况，但较少直接承担 CCSDS 某一工作组的具体工作。

建议对 CCSDS 的发展动态进行持续跟踪，根据我国的任务需求以及技术积累情况，积极提出具有我国特色和知识产权的技术提案，参与 CCSDS 标准制定，提高我国在相关领域的话语权；与此同时，借鉴 CCSDS 在标准制定方面前瞻性、可实现性的思路与方法，提高我国标准化工作水平。

8.5 DVB 协议

数字视频广播（Digital Video Broadcasting，DVB）是一系列针对数字电视的数据传输标准。DVB 项目组是由欧洲电信标准化协会、欧洲电子标准化组织和欧洲广播联盟（European Broadcasting Union，EBU）组成的“联合专家组”发起的。

DVB 系统传输方式有如下几种：卫星电视（DVB－S、DVB－S2 及 DVB－S2X）、有线电视（DVB－C 及 DVB－C2）、地面电视（DVB－T 及 DVB－T2）、移动电视（DVB－H、DVB－NGH 及 DVB－SH）。这些标准定义了传输系统的物理层与数据链路层，设备通过同步并行接口、同步串行接口或异步串行接口与物理层交互，数据以 MPEG－2 或 MPEG－4 传输流的方式传输。这些传输方式的主要区别在于使用的调制方式，利用高频载波的 DVB－S 使用 QPSK 调制方式，利用低频载波的 DVB－C 使用 QAM－64 调制方式，而利用 VHF 及 UHF 载波的 DVB－T 使用 COFDM 调制方式。

8.5.1 数字卫星广播电视系统

数字卫星广播电视系统由卫星上行地球站、广播卫星和卫星接收系统三部分组成，其示意图如图 8.14 所示。其中上行地球站包括监控站和发射站，卫星接收系统包括监控站、发射站、转播站、集体站和个人站。

卫星上行地球站由发送、天线、接收、监控、电源等几个子系统组成。它担负着把电视信号发送到广播卫星的任务，同时还要随时检测卫星下行链路信号的质量。有些上行地球站还承担着对卫星进行遥测、跟踪和遥控的任务。

广播卫星的主要设备是星载转发器，它接收上行链路的信号，经功率放大和下变频后，将信号转发回地面服务区内。星载转发器起到空间中继站的作用，它以最低的附加噪声和最小的失真转发电视广播信号。

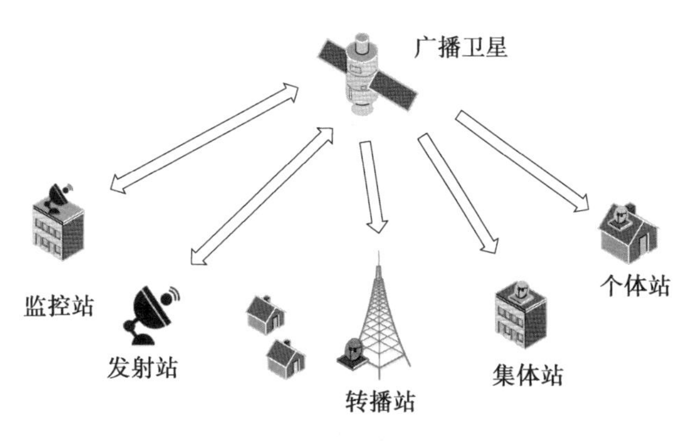

图 8.14　数字卫星广播电视系统示意图

卫星接收系统主要由卫星接收天线、卫星接收高频头（室外接收单元）和卫星电视接收机（室内接收单元）等部分组成。根据用途不同，卫星地面接收站可分为个体站、集体站和转播站三种类型。三种类型的接收站对卫星电视信号的接收与解调部分都是相同的，不同的仅在于对信号质量的要求和信号的输出形式。

8.5.2　DVB－S

从 1994 年欧洲电信标准化协会（European Telecommunication Standard Institute，ETSI）的 ETS300421 开始，此后的十余年里，DVB－S 作为广播电视领域的第一代主流卫星传输标准，在世界范围内得到了广泛应用。DVB－S 系统定义了从 MPEG－2 复用器输出到卫星射频信道、能对电视基带信号进行适配处理的设备功能模块，也可称为卫星信道适配器。DVB－S 系统框图如图 8.15 所示。

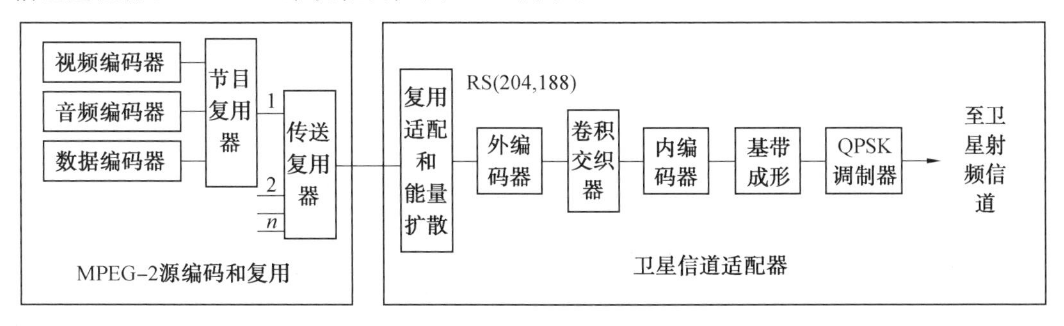

图 8.15　DVB－S 系统框图

一个数字传输系统的质量在很大程度上依赖于所采用的信号调制方式和信道的差错控制方式，调制是为了使信号与信道的特性相匹配，差错控制是为了保证信号经有噪声和干扰的信道时，传输过程中造成的误码最少。DVB－S 系统的信源编码为 MPEG－2 复用技术，信道编码为级联的卷积码和 RS 码，调制方式为 QPSK 调制。

8.5.3　DVB－S2

随着信源与信道编码技术的发展、硬件支持能力的增强和公众对高清电视和交互式服务需求的提升。DVB 组织从 2002 年开始启动了 DVB－S 到 DVB－S2 的升级工作。

DVB－S2 于 2004 年完成方案文本并于 2005 年颁布，就此成为第二代卫星广播电视标准。DVB－S2 系统流程图如图 8.16 所示，每一部分都包括较多的选件、适配等单元，具有良好的扩展性。

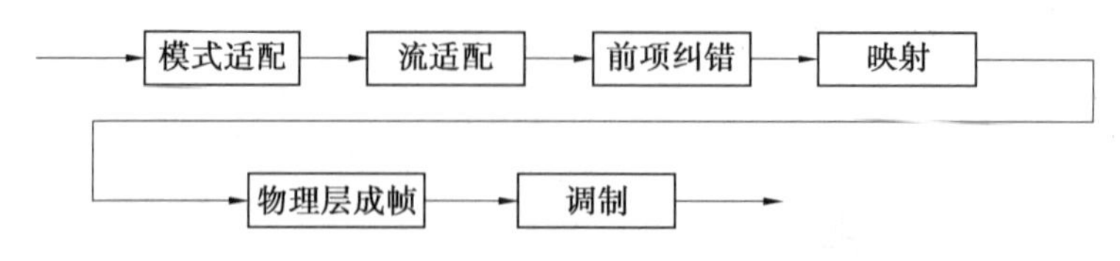

图 8.16　DVB－S2 系统流程图

模式适配是输入数据流的接口，用来适配 DVB－S2 种类繁多的输入流格式。对于固定编码调制模式来说，模式适配部分包括对 DVB－ASI 流（或 DVB 并行传输流）的透明解包和 8 位循环冗余校验。流适配完成基带成帧、加扰两个功能。为配合后续纠错编码，基带成帧需要将输入数据按固定长度打包（不同的纠错编码方案有不同的"固定长度"），不足处则填充无用字节补足。前向纠错采用低密度奇偶校验码（Low Density Parity Check Code，LDPC）（内码）与 BCH（外码）级联的形式。映射部分按后续采用的具体的调制方式（QPSK、8PSK、16APSK、32APSK），将输入的经过前向纠错的串行码流转换成满足特定星座图样式的并行码流。物理层成帧部分通过加扰实现能量扩散，以及空帧插入等。调制部分完成基带成形和调制。

DVB－S2 与 DVB－S 性能比较见表 8.1。

表 8.1　DVB－S2 与 DVB－S 性能比较

DVB－S2 改善的性能与优势	
优势	说明
在同样传输条件下，与 DVB－S 标准相比较，增加了系统的容量	提高了 40%转发器的利用率（广播模式） 提高了 20%带宽的使用效率（兼容性变差，广播模式） 增加了 200%的用户密度（交互模式）
提高链路的可用极限	增加了系统的可用性 提高了系统的可靠性（减少系统的噪声和干扰） 扩大了系统的覆盖
大范围灵活匹配的转发器特征	对大范围的 C/I 比率和光谱效应进行优化网络设计
多种输入格式	MPEG－2、MPEG－4 和 HDTV 传输流 普通的 IP 传输包和 ATM 传输单元（直接进入 DVB－S.2 调制）
载波中多个传输流	许多广播和交互式服务都能够连接在一起，共享传输基础设施（即这是一个公共的前端平台）
与卫星频道相适应的编码与调制	与 DVB－S2 相适应的接收机通过地面或地面回传通道将信息反馈给前端系统，动态地补偿前端通道的信号，如雨表和下行链路等高线的变化及接收端天线尺寸的不同等

8.5.4　DVB－S2X

随着技术的不断发展，由于超高清电视和其他多媒体业务的传输需求，DVB 组织从 2011 年底开始研究 DVB－S2 的扩展标准，即 DVB－S2X。DVB－S2X 的主要目标有两个，一是进一步提高现行标准的频谱利用率；二是适应移动接收、Ka 波段平台或宽带转发器等卫星工业的新应用。2014 年 2 月，DVB 组织通过了最新的 DVB－S2 扩展版技术规范 DVB－S2X。DVB－S2X 在滚降系数、调制方式和正向纠错等方面提供了更多选择，这将会提高卫星传输信道的利用效率，DVB－S2X 的频谱效率能够有效提升 20%～30%。有些条件下可以达到 50%。此外，频道绑定等新的技术可以更有效地利用转发器的信道容量。新的技术规范也对同信道干扰有更好的抑制能力。

由于 DVB－S2X 并不是新一代的卫星传输标准，而是在 DVB－S2 的基础上做的一些扩展，其主要目的是提高带宽利用率。相对于 DVB－S2，DVB－S2X 的技术改进主要包括以下几点。

(1)物理层头改变。

在 DVB－S2 系统中，传输头的第二个字节表示系统的自适应编码调制命令，该字节的第 7 个比特为 0 时表示系统为 DVB－S2 模式，此时其他比特定义了系统的 LDPC 码长，是否存在导频以及调制方式和前向纠错码码率等信息。当该命令的第 7 比特为 1 时，表示当前系统为 DVB－S2X 模式。此时 ACM 字节可以表示更为丰富的调制方式和纠错码码率。由于这些新模式的引入，DVB－S2X 可以获得更细化的模式设置以适应不同的应用需求。

(2)更多的编码和调制方式。

在 DVB－S2 中，采用的调制方式有 QPSK、8PSK、16APSK 和 32APSK 四种，其中 16APSK 和 32APSK 在广播服务中属于可选选项。而在 DVB－S2X 中，16APSK 和 32APSK 成为广播服务的必选选项。另外 DVB－S2X 还增加了 BPSK、64APSK、128APSK 和 256APSK 四种模式。

在前向纠错码方面，DVB－S2X 仍旧沿用了 DVB－S2 的 LDPC 加 BCH 编码方式。LDPC 码在甚低信噪比模式下增加了 32 400 的码长。而广播服务仍采用 16 200 和 64 800的码长，除了兼容原来 DVB－S2 的全部码率外，DVB－S2X 还增加了许多新的码率。对应新码率解码后的长度，也会相应地增加很多新的 BCH 模式。

由于调制方式和纠错码码率模式的增加，DVB－S2X 能够提供更为精细的粒度，这样在某种特定的接收信噪比条件下，就可以选择最贴合该接收条件的编码和调制方式，从而获得高的频谱带宽效率。

(3)更低的滚降系数。

滚降系数是信号占用带宽及频谱利用率的决定因素之一。DVB－S2 系统所采用的滚降系数分别为 0.35、0.25、0.20，而 DVB－S2X 系统所采用的滚降系数分别降为 0.15、0.10、0.05。由于 DVB－S2X 的滚降系数更小，加之 DVB－S2X 还采用了高级滤波技术，因此 DVB－S2X 系统的频谱效率相对于 DVB－S2 系统的提高幅度可达 15%。

(4)新增的扰码方式。

为了减少同频干扰，DVB－S2X 增加了 6 组新的物理层扰码，使得同频节目之间的差异达到最大。接收 DVB－S2X 信号时。需要从索引为 0 的扰码序列开始尝试，直到试出实际使用的扰码序列。

(5)超低信噪比模式。

DVB－S2X 新增了甚低信噪比(Very Low－Signal Noise Ratio，VL－SNR)模式，在很恶劣的信道衰落条件或者移动应用中使用。在 DVB－S2X 中，有 9 个 VL－SNR 模式，这时系统采用 QPSK 或 BPSK 调制，可以在非常低的信噪比下接收卫星数据，从而增加了卫星链路的稳定性。

DVB－S、DVB－S2、DVB－S2X 的配置比较见表 8.2。

表 8.2　DVB－S、DVB－S2 与 DVB－S2X 的配置比较

模式	DVB－S	DVB－S2	DVB－S2X
前向纠错码	RS 码和卷积码	BCH 码和 LDPC 码	BCH 码和 LDPC 码
编码速率	1/2，2/3，3/4，5/6，7/8	1/4，1/3，2/5，1/2，3/5，2/3，3/4，4/5，5/6，8/9，9/10	包含所有 DVB－S2 标准的编码速率，并含有其他的编码速率
调制	BPSK，QPSK	QPSK，8PSK，16APSK，32APSK，	QPSK，8PSK，16APSK，32APSK，64APSK，128APSK，256APSK
滚降因子	0.35	0.20，0.25，0.35	0.15，0.10，0.05
最大频谱效率(滚降因子为 0)	1.61 bit/符号	4.44 bit/符号	5.90 bit/符号
视频解码器	MPEG－2	MPEG－4	MPEG－4

本章参考文献

[1] 杨丽圆. 卫星网络中传输层确认机制的研究[D]. 沈阳：沈阳理工大学，2018.

[2] 黄薇，张乐. 空间数据系统咨询委员会的专业领域及其发展综述[J]. 国际太空，2016：72-79.

[3] 李远东，凌明伟. 第三代 DVB 卫星电视广播标准 DVB－S2X 综述[J]. 电视技术，2014：28-31.

[4] 李继龙. 数字卫星广播电视系统介绍[J]. 现代电视技术，2007：96-98.

第9章 卫星通信技术发展

距离苏联在1957年发设的第一颗人造卫星“Sputnik 1”，卫星通信已经经历了半个多世纪的发展。当时Sputnik 1星载无线电发射机采用20.005 MHz和40.002 MHz的频率，而现今卫星通信的频段已经基本涵盖无线电频段，并已开始拓展使用太赫兹以及光通信频段。卫星的种类也逐渐增多，小到不足1 kg的立方体卫星(CubeSat)，大到上万千克的大型卫星，卫星通信的形式也变得多样化。卫星通信曾经由于通信成本等问题限制了其大规模的使用，曾经历了一阵低谷期，但是随着相关发射、制造、天线设备等方面技术的发展，卫星通信近些年来又重新进入人们的视野，其特有的优势也逐渐凸显出来。本章对卫星通信技术的发展进行介绍，首先按照卫星的不同轨道分别介绍相关卫星通信技术的发展，然后对卫星通信中包括星间链路、星上处理、星地组网等关键技术进行介绍。

9.1 GEO卫星通信发展

GEO卫星工作在对地静止轨道，通信链路相对稳定，不需要考虑卫星带来的多普勒频移对传输的影响。每颗GEO卫星能覆盖地球表面积的42.2%，一般GEO卫星星座包含4颗以上的卫星就可以实现较好的全球覆盖，组网相对简单。如果星座中采用更多数量的卫星，网络覆盖将更好，并且能实现更高的通信仰角即获得更好的通信质量。GEO卫星的特点使其十分适合提供广播业务和固定通信业务服务，同时，GEO卫星通信也因其覆盖范围大、组网简单的优势，而适合用于提供移动通信业务。GEO卫星移动通信也经历了几代系统的发展，提高了服务质量的同时扩展了业务范围。此外，由于GEO卫星的质量一般达上千千克，可以配备星上处理能力较强的负载，并且近些年来随着多天线技术的发展，GEO卫星能够实现更强的通信能力，以实现吞吐量达十万兆比特每秒的高通量卫星为主要的发展趋势。9.1.1节对GEO卫星移动通信系统的发展进行介绍，9.1.2节则对主要提供宽带通信服务的GEO宽带卫星通信系统的发展进行介绍，并分析高通量卫星通信系统的一些主要研究内容。

9.1.1 GEO卫星移动通信系统的发展

GEO卫星移动通信系统利用卫星作为中继，为陆地用户、海上船舶和飞机航班等提供通信服务。采用GEO卫星构成的移动通信系统中，卫星相对地面静止，多普勒频移较小，相关技术相对成熟简单，运营维护方便。但是，巨大的星地距离导致了较大的传播损

耗，对终端尺寸也有一定的限制，支持手机终端所需的卫星在星上负载上也有更多要求。虽然每颗 GEO 卫星都有较大的覆盖面积，但是在两极附近存在负载盲区，给高纬度地区用户提供服务较为困难。各国对于 GEO 移动通信卫星的研制开始于 20 世纪 70 年代，并在 1979 年成立了第一个以海洋通信为主要服务内容的国际卫星组织——国际海事卫星组织(INMARSAT)。目前的 GEO 卫星移动通信系统根据其技术特点，可以大致分为五代。

第一代 GEO 卫星移动通信系统在 80 年代开始部署，主要利用全球波束实现覆盖，系统的容量非常有限。第一代系统以美国和欧洲国家的海事通信卫星系统为主要代表，主要为海上船舶提供海事卫星服务。INMARSAT 的第一代通信系统主要租用已有的 GEO 卫星提供海事通信服务，其发射部署的第二代国际海事卫星系统 INMARSAT－2 同样属于第一代 GEO 卫星移动通信系统。第二代 GEO 卫星移动通信系统则采用了多波束架构，不同服务区域可能属于同一颗卫星不同波束的覆盖，波束之间可以采用频率复用，从而提升了系统的容量。20 世纪 90 年代的 INMARSAT－3 和北美移动卫星通信系统是第二代系统的典型代表。第三代 GEO 卫星移动通信系统在第二代的基础上大幅度增加了卫星所形成的波束数量，每颗卫星可以形成上百个点波束，能够实现更灵活的资源调度分配。以 INMARSAT－4 系统为例，该系统由 3 颗 GEO 卫星构成，每颗卫星有 1 个覆盖全球的波束、19 个较宽的点波束和 228 个窄点波束。第三代系统的业务也有了扩展，除了提供以往的业务外，窄波束还用于为用户提供宽带服务。INMARSAT－4 所提供的宽带服务兼容了陆地的 3G 通信系统，采用了分组交换和 IP 技术，能够提供数据传输、视频会议、邮件传真、局域网接入等多种业务，最高速率为 492 kbit/s。第四代 GEO 卫星通信系统对卫星通信的服务进行了扩展，主要考虑卫星与地面通信网络的融合，采用辅助地面组件(Ancillary Terrestrial Component)等来提供星地融合的 4G 通信服务。典型系统包括 SkyTerra 和 TerraStar。目前，GEO 卫星移动通信系统已经发展到第五代，卫星质量更大，而且有更强的星上处理能力和发送功率，同样是基于多波束架构和频率复用，由于采用了更高的通信频段，因此拥有更多的可用频谱资源，能够为用户提供更高通信质量和更多种类型的服务。以 INMARSAT－5 系统为例，该系统的第一颗卫星于 2013 年末发射，系统中每颗卫星质量超过 6 000 kg，星上功率高达 1.5 kW，与以往主要采用 L、S 等频段不同，采用了更高的 Ka 频段进行通信，覆盖方面在每颗卫星上采用 89 个固定的 Ka 频段波束，服务的用户不仅限于船只移动用户，还包括飞机航班上的通信服务。数据传输速率也得到了大幅度的提升，对于天线口径尺寸为 60 cm 的 VAST 可以提供上/下行为 5/50 Mbit/s 的服务，系统吞吐量较以往系统也有大幅度的提升。

9.1.2 GEO 宽带卫星通信系统的发展

随着更高频段天线技术的成熟，GEO 卫星也开始采用 Ka 等高频段进行通信。这些频段除了拥有更小的天线尺寸规模，还有更多的可用频谱资源。然而，由于通信频段较高，链路衰减也随之增加。虽然星上负载相关技术的发展能在一定程度上弥补终端功率受限的问题，但是随着系统为寻求更大的可用带宽采用更高的通信频段，终端尺寸大小问题重新显现了出来。例如 INMARSAT－5 所提供的高速上、下行速率，需要具有一定尺寸规模的 VSAT 作为接收端才能实现。目前，GEO 卫星通信的一个发展趋势就是固定通信、移动通信以及广播业务的融合，逐渐形成以宽带多媒体通信为主要业务的系统。

高通量卫星近期的迅猛发展印证了这一点。高通量卫星通信系统一般采用 GEO 卫星，较以往的卫星通信系统，容量高达十万兆比特每秒。高通量卫星的用户终端主要是小型的地面站或者机载终端设备，能为用户提供高速的宽带接入服务。除了拥有高通量通信频段带来的大量可用频带资源外，卫星采用能够实现高增益点波束的多波束天线，在覆盖区域内形成大量点波束，在波束间通过频率复用技术成倍增加系统的可用带宽，提高了系统的容量和用户容纳数量。能够实现如此大容量高质量的服务，需要强大的星上负载功能。这得益于卫星发射技术的发展，即运载火箭可以将更大的卫星推入 GEO 轨道，目前的 GEO 卫星量级已达到 10 000 kg，预计未来下一代火箭可以将超过 20 000 kg 的卫星送入 GEO 轨道。未来的 GEO 卫星能够配备更大口径的天线和更多的星上转发器，承载更多的星上处理，实现更加灵活的波束控制管理等功能。美国 Viasat 公司在 2018 年发送的 Viasat－2 卫星的容量为 260 Gbit/s，用户传输速率最高可达 100 Mbit/s，旨在提供北美和加勒比海等地区的宽带通信服务以及大西洋上主要航空航线及海上航线的通信服务。该公司未来计划投入使用的 Viasat－3，共包含 3 颗 Ka 频段的 GEO 卫星，每颗卫星吞吐量计划达到 1 Tbit/s，用户传输速率为 100 Mbit/s 以上。

为了进一步提升系统吞吐量，高通量卫星通信系统中需要重点进行研究的主要问题有以下三方面。

(1)物理层传输性能。

物理层传输性能方面的研究主要包括两类：一是根据高通量卫星的特点，提高链路本身的传输性能；二是考虑频率复用方案对物理层传输的影响。

星地链路较陆地移动通信系统传输条件更为严苛，需要尽可能地提升链路的传输性能。与陆地通信系统不同，星上负载在尺寸和质量等方面都是受限的，为了节约星上占用空间和设备成本，高通量卫星一般采用宽带功放同时为多个载波进行功率放大。虽然多载波处理能够节省星上功放数量，但是多载波功放会带来非线性影响，产生互调干扰，与星上滤波器一起还可能会产生载波间干扰和符号间干扰，导致信号传输性能降低。为了保证传输质量，最简单的方式就是增加载波之间的保护频带，但是这样无法充分利用频带资源。因此，需要在收发端开发采用先进的信号处理方式来降低载波间干扰和符号间干扰。例如，现有的系统在发送端会采用预失真处理，而在接收端会采用均衡技术。

现在的高通量卫星通信系统由于采用了四色频率复用，不需要考虑相邻波束之间的同频干扰，主要考虑以上每个波束内不同载波的链路传输问题。然而，四色频率复用并未充分利用频谱资源，很多研究考虑采用全频率复用的高通量卫星通信系统。对于全频率复用的高通量卫星通信系统，由于相邻波束之间存在同频干扰，物理层传输性能会受到极大的影响。对于用户到卫星的上行链路，需要设计能够降低不同波束间用户同频干扰的用户检测算法。而对于卫星到用户的下行链路传输，目前很多的研究都采用预编码技术来降低相邻波束的同频干扰以保证传输性能，然而目前的研究主要集中在对采用预编码技术的物理层传输总容量进行估算。已有算法在设计过程中只考虑部分卫星系统限制，如有些算法只考虑了信道状态信息(Channel State Information，CSI)的不准确性，而并未

考虑拥有多个地面关口站的高通量卫星系统架构，离实际应用还有一定的差距。

(2)资源管理。

卫星通信系统的覆盖范围较大，能够为大量用户提供服务。较以往的卫星通信系统，高通量卫星系统中的大量点波束与较大的可用带宽使其拥有大量的无线资源，而且提供的服务也更为丰富，这使高通量卫星通信系统的资源调度问题也更为复杂。为了提高资源的利用率，需要设计合理的资源池化方式以及资源管理架构，针对不同的业务类型进行资源分配。高通量卫星通信资源分配算法的设计不能直接采用已有算法，还需要考虑卫星星上资源受限、卫星信道特点等因素进行设计。若卫星系统考虑采用全频率复用，由于物理层的同频干扰问题，在资源调度的过程中还应结合用户的信道状态进行跨层资源调度，调度问题会变得更为复杂。

(3)高通量卫星网络构建。

高通量卫星通信系统中，一般采用一颗 GEO 卫星就能实现，构成一种星形网络，主要包括空间段的卫星和地面段的关口站。卫星最基本的功能就是实现各波束间的信息交换。对于采用频率复用的不同波束，需要有不同频段的独立的转发器实现不同波束之间的收发，同时还要有一定的星上交换处理功能。最简单的多波束星上负载就是在负载设计过程中就建立不同波束之间的固定连接，但是这种方式在整个卫星寿命内都无法发生变化。有些负载则采用一些可重配置的连接，通过控制信息根据需求进行灵活调整。此外，还有不涉及载波调制解调的时域交换和基于跳频的频域交换处理，以及具有优异切换性能的光交换。对于星上交换功能负载的设计是实现系统高效处理业务的关键。高通量卫星的高吞吐量也会对地面段关口站的设计产生影响，需要保证具有高传输速率的馈电链路承载大量的回传业务数据。高通量卫星利用 Ka 频段为用户提供服务，若卫星与关口站的通信采用 Ka 频段，就需要采用技术解决用户链路与馈电链路之间的干扰问题。一些研究也考虑采用 Q、V 等频谱资源更丰富通信频段的使用，但这些频段的传输更容易受大气以及雨雪天气等的影响，需要采用站点分集等技术保证链路的传输。除了基本网络的建立，也需要对网络架构进行设计，采用软件定义网络(Software Defined Network，SDN)、网络功能虚拟化(Network Functions Virtualization，NFV)等技术提高网络的处理效率和安全性，提供灵活性的业务处理模式。

9.2 MEO 卫星通信发展

由于卫星轨道高度不同，MEO 卫星在链路延迟、链路衰减、覆盖范围等性能方面处于 GEO 和 LEO 卫星之间。与 LEO 卫星相同，需要考虑多普勒频移对传输性能的影响，但是多普勒频移的影响没有 LEO 卫星严重，天线跟踪的要求也更低。MEO 卫星构成的星座能够解决 GEO 卫星无法实现两极区域覆盖的问题，而且较 LEO 卫星系统可以采用较少的卫星数量和基站数量就完成组网。相比于 GEO 和 LEO 卫星星座，MEO 卫星星座是很好的系统性能和管理复杂度的折中方案。目前，MEO 卫星主要应用于卫星定位系统，也有一些公司考虑了 MEO 和 LEO 卫星相结合的卫星通信系统空间段星座设计。

主要采用 MEO 卫星实现通信功能的是 SES 卫星公司的 O3b(Other 3 billion)星座，

该卫星星座的部署是希望能够帮助非洲、亚洲和南美洲等地区上网困难和上网昂贵的30亿人通过卫星享受高品质的网络服务。O3b星座现包含20颗一代O3b卫星，轨道高度为8 063 km，每颗卫星为700 kg，能够覆盖全球南、北纬50°之间所有地方，在南、北纬50°～62°范围内也能提供一定的服务。每颗卫星有12个Ka频段波束，其中两个用于与地面站通信，其余提供以骨干网传输为主的通信业务，每波束上、下行总速率能达到1.6 Gbit/s。对于海上通信，O3b系统能保证往返延迟为140 ms的高达500 Mbit/s的服务。目前，SES公司计划继续部署新的MEO卫星星座O3b mPOWER，与已有的一代O3b星座相结合进一步实现全球的宽带互联。O3b mPOWER星座初步计划包含11颗MEO卫星，轨道高度为8 000 km，每颗卫星质量为1 700 kg，工作在Ka频段，均配有可赋型可操控的点波束天线，能够形成5 000个点波束，点波束可以根据用户终端需求进行灵活的功率和带宽分配，通信速率可在50 Mbit/s到10 Gbit/s内调整。

9.3　LEO卫星星座通信发展

LEO卫星的空气阻力相对较小，容易受到近地引力场的影响改变其轨道位置。因此，卫星在轨时需要持续进行轨道控制工作，这消耗了大量功率资源，影响了卫星的寿命。随着卫星先进的自动控制技术的发展，LEO卫星目前可以独立进行姿态保持，不再需要大量的基于地面网络控制，减少了一些控制信息的传输。例如，一些立方卫星可以利用光或射频的星间交换链路持续计算它们之间的距离，利用这些信息在没有地面控制信息的情况下保持其轨道位置。因此，目前的LEO卫星有更长的寿命和相对更简单的管理，极大地推动了LEO卫星通信系统的发展。LEO卫星星座的卫星一般都设计运行在极轨道上，能够为处于包括两极区域的高纬度地区的用户提供服务，真正实现全球覆盖。最初，系统主要为全球用户提供语音、短消息等窄带业务，而随着通信频段的扩展以及卫星组网技术的发展，目前的LEO卫星星座能够提供更高速率的宽带服务。本章分别对最初提供窄带业务和目前计划实现宽带业务的LEO卫星星座系统进行介绍。此外，由于卫星行业的快速发展，太空中卫星数量激增，各种卫星通信系统的覆盖区域也难免发生重合。对于众多的卫星通信系统，有限的频谱资源分配成为一个重要问题，同时卫星通信还面临与陆地通信系统共享频谱资源的问题。目前的LEO卫星星座规模逐渐增大，针对上述问题需要在设计过程中考虑对已有系统的干扰。因此，本节最后部分对LEO卫星星座干扰管理问题进行了介绍。

9.3.1　窄带LEO卫星星座

最早的LEO卫星星座系统主要提供语音与短消息等低速率移动通信服务，典型系统主要包括Orbcomm、Iridium和Globalstar。目前这些系统正在更新新的星座系统，所提供的服务也不只限于简单的语音数据服务，目前扩展了物联网、定位等业务。虽然新一代系统较以往的在整体性能上有所提升，但是传输速率一般不超过1 Mbit/s。

Orbcomm工作在VHF频段，提供可与陆地蜂窝网络相结合的窄带物联网、机器到机器(Machine to Machine，M2M)服务。第一代系统自1997年开始商业运营，由36颗小

型 LEO 卫星构成，第二代系统于 2008 年开始部署，包含分布在 4 个倾斜圆轨道上的 18 颗 LEO 卫星，卫星质量远大于第一代卫星，有更强的星上通信有效载荷，用户数量最多可以增至原来的 12 倍，用户传输速率也更高，同时增加了“自动识别系统”（AIS），可用于海上交通管理。截至 2021 初，Orbcomm 系统已有两百多万付费用户。

Iridium 和 Globalstar 系统则主要提供移动通信服务，两个卫星系统现都已提供了 20 多年的服务。Iridium 星座包含 66 颗卫星，分布在相邻间隔为 27°的 6 个倾角为 86.4°的轨道平面上，每个轨道上有 11 颗卫星，单颗卫星的可视时间为 9 min。Iridium 系统利用 1 616.0～1 626.5 MHz 的频带为用户提供服务，馈电电路上、下行分别采用 29.1～29.3 GHz 和 19.4～19.6 GHz 频段，星间链路的转发器工作在 22.18～22.38 GHz。目前已经更新到第二代星座系统 Iridium NEXT，在轨 75 颗 LEO 卫星，包含构成卫星网络的 66 颗卫星和 9 颗备用卫星，此外还有 6 颗地面备用卫星，已于 2019 年完成所有卫星的发射。每颗卫星上采用多波束架构，并利用频率复用提高系统容量。每颗卫星具有 48 个波束，卫星星座会根据业务情况调整频率复用方式，控制每个卫星上实际工作的波束数。Iridium 系统主要提供全球的语音服务，提供数据传输速率一般不超过 1 Mbit/s，除了已有的服务外还会提供用于增强 GPS 定位、时间校准和鉴权服务。Globalstar 第一代星座系统包含 48 颗分布在 8 个轨道上的卫星，卫星之间没有星间链路，由地面站进行信息处理。第二代星座包含 24 颗卫星，分布在三个轨道平面，已于 2013 年完成所有卫星的发射。新一代的 Globalstar 卫星系统每颗卫星的寿命为 15 年，是第一代系统的 2 倍，数据速率也从 9.6 kbit/s 提升到 256 kbit/s。与 Iridium 系统相比，Globalstar 系统卫星数量较少，系统容量也较少，而且通信时可见卫星数量也较少。

两个卫星通信系统最大的差别在于是否有星间链路，Iridium 系统的卫星间由 K 频段的星间链路实现交换功能，而 Globalstar 系统中的卫星则为“弯管卫星”，不会进行星间链路交换，这就意味着 Globalstar 系统需要设置更多地面站，增加了星座的业务和资本支出，也带来了处理上、下行馈电链路干扰的问题。采用星间链路交换的卫星星座系统能够减少需要部署的地面站数量，并且可以实现降低延迟和已知最小延迟抖动的端到端的信道控制，因此 Iridium 系统更适用于以安全为主要目的的通信服务。星间链路交换也不仅限于同一星座系统，不同星座系统之间也可以进行星间链路交换以提升传输性能。例如，LEO 卫星可以通过与 GEO 卫星建立星间链路，然后将信息转发至 GEO 卫星地面网关，达到回传地面的目的。这样传输虽然增加了链路延迟，但是可以减少系统地面站的数量。LEO 星座需要大量的地面站，而地面站的建设成本不低，减少地面站数量能够大幅度降低网络的建设成本。

9.3.2 宽带 LEO 卫星星座

新一代的 LEO 卫星星座系统，与 Iridium 和 Globalstar 等系统相比星座内卫星数量更多，系统工作由 L、S 频段扩展到 Ku、Ka 频段，系统有了更多的可用带宽可以实现更大的系统容量，能够为用户提供宽带接入服务。用户终端不再以移动设备为主，而是小型的固定天线设备。

目前已经完成部分部署的 LEO 卫星星座系统主要有 OneWeb 和 Starlink 系统，两个系统均在 2015 年左右提出计划。OneWeb 星座工作在 Ku 和 Ka 频段,计划两阶段完成整个系统的部署。截止到 2021 年 7 月,OneWeb 在空间段已有 254 颗卫星。2021 年 1 月提出的星座计划中,卫星的轨道高度为 1 200 km,第一阶段部署计划由 716 颗 LEO 卫星构成,第二阶段由 6 372 颗 LEO 卫星构成。OneWeb 星座卫星轨道部署计划见表 9.1。第二阶段的部署会继续提升系统的总吞吐量,为地球上配备低成本终端的用户提供高质量的宽带接入服务,用户的往返延迟不会超过 50 ms。第二代星座的 LEO 卫星计划采用低成本的相控阵天线以及相对成熟的波束操控技术,以便实现快速的部署。

表 9.1　OneWeb 星座卫星轨道部署计划

阶段	阶段一		阶段二		
卫星总数	716		6 372		
轨道倾角/(°)	87.9	55	87.9	55	40
轨道平面数	12	8	36	32	32
每轨道平面卫星数量	49	16	49	72	72
工作频段/GHz	10.7～12.7, 14～ 14.5, 17.8～18.6, 18.8～19.3, 27.5～ 29.1, 29.5～30				

Starlink 为 SpaceX 公司提出的 LEO 卫星星座计划,主要为全球用户提供高速的宽带接入业务,由 4 425 颗工作在 Ku、Ka 频段的 LEO 卫星星座和 7 518 颗工作在 V 频段的 LEO 卫星星座构成。目前正在完成 Ku、Ka 频段卫星星座的建设,到 2021 年中,已发射 1 740 颗卫星,其中 1 624 颗能够在轨工作。随着卫星的部署,SpaceX 公司调整了 Ku、Ka 频段星座卫星的轨道高度,由原来的 1 100 km 调整到 550 km,而 V 频段的卫星星座轨道高度为 340 km。2020 年 5 月,SpaceX 公司又提出了第二代星座计划,仍是利用 LEO 卫星进行组网,卫星轨道高度在 328～614 km 之间,在不同轨道上计划部署 30 000 颗卫星实现更大容量的通信。星上计划采用先进的相控阵天线波束赋型以及数字信号处理技术来灵活地利用频谱资源,并实现与陆地通信系统共享频谱。目前系统计划使用 Ku、Ka 频段进行用户链路、馈电链路以及控制链路的信息传输,并考虑采用 E 频段进行部分地面关口站到卫星之间的通信。

除了已经开始部署的大型 LEO 卫星星座,Amazon 在 2019 年计划构建一个提供卫星宽带服务的卫星星座计划"Kuiper",希望利用 3 236 颗卫星构建卫星星座为全球上千万人提供基本的宽带接入服务。2021 年 4 月,Amazon 已经宣布计划"Kuiper"的卫星发射。

9.3.3　LEO 卫星星座干扰管理问题

有限的频谱资源和已有的大量卫星部署使新部署的 LEO 卫星星座不仅要考虑服务覆盖的问题,还需要考虑系统的干扰管理以避免对已有系统的干扰。而且,为了保证用户的服务质量,较以往需要部署更大规模的 LEO 卫星星座,这无疑也增加了干扰管理的难度。新的卫星通信系统投入使用时,需要保证不对已有的卫星通信系统和陆地通信系统

的工作产生影响,因此就需要采用一些技术来进行干扰管理。

渐进俯仰(progressive pitch)是解决赤道上中低轨卫星对 GEO 卫星干扰的主要技术。当一些卫星在经过赤道附近时(主要是 LEO 卫星),会对 GEO 卫星用户产生较强的干扰,这时这些卫星就会逐渐调整其传输的方向,以一个逐渐倾斜的角度来避免对接收方向垂直向上的 GEO 卫星用户产生较强的干扰,这种调整技术被称为渐进俯仰。当这些卫星远离赤道时,由于 GEO 用户的仰角相对较小,会调整其天线角度指向垂直向下。这种控制的实现方式是,首先按照一个方向调整卫星,然后在经过赤道后按照相反方向调整,而其中在赤道位置时则关闭传输。当卫星的轨道周期为 110 min 时,每 55 min 都需要太阳能板提供电量推动这种调整的进行。同时,在设计过程中还需要考虑不同卫星间的功率角隔离(angular power separation),为了降低不同系统之间的同频干扰,可以利用空间的角度隔离,让不同的卫星有不同的发射功率角度区域。图 9.1 所示为功率角度隔离示意图,图中给出了一个中低轨道卫星与 GEO 卫星同处于赤道上方时两者之间的功率角度隔离,其中 A 点位于赤道之上,功率角度隔离的度数为 0,而在非赤道点,如图中的 B 点,两者之间具有一定的功率角度。在卫星系统设计的过程中,需要优化功率角度隔离,以保证不对已有系统产生干扰。功率角度隔离的实现主要得益于天线技术的发展,例如自适应电子可操控天线阵列(Adaptive Electronically Steerable Antenna Arrays, AESA)能够实现全方位的天线指向,可以选择合适的通信路径,进行较好的功率角度控制。但是 AESA 由于成本太高目前还没得到广泛使用,目前的系统大多采用无源天线阵列,对方向的调整有限。

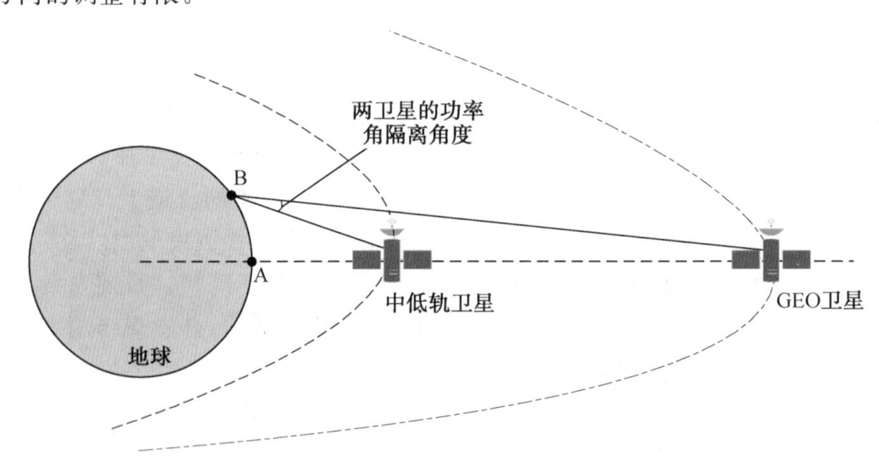

图 9.1　功率角度隔离示意图

不同卫星系统之间的干扰,不仅需要考虑卫星角度,还要考虑地面站的数量设定和选址问题,需要避免对已有各种地面站各个频段的干扰影响。在这过程中,干扰模型的建立是一个很关键的问题。干扰模型的建立并不是一个新的问题,目前在卫星系统设计中最主要的干扰问题是,新建立的 LEO 卫星星座系统对已有的卫星星座以及陆地移动通信系统的干扰。对于干扰的计算,目前具有大量卫星的 LEO 卫星星座系统,很少有统计测量数据提供参考,也没有较完善的信道模型。在干扰的计算中,一个用户需要考虑所有其他卫星对他的干扰,并需要考虑情况较差的调制方式等因素,以保证干扰不会对已有用户造成影响。OneWeb公司通过研究提出了Ku、K以及Ka频段不同到达离开角下星地链路的EIRP计算方法。卫星的EIRP以及PFD(Power Flux Density)也需要满足一定的限制,以保证对已有网络用户有足够的干扰保护。在满足约束条件下,通过功率控制来调整EIRP和PFD等参数以满足各种通信需求,例如通过功率调整保证不同倾角下都有相同的通量密度。

除了卫星星座的设计,由于卫星网络与陆地网络之间有很大差异,也需要有针对性地对网络架构进行设计,实现高效灵活的管理。

9.4 卫星通信系统抗干扰性能

本节将对卫星通信的关键技术进行介绍。通信系统中的物理层传输性能限制着整个系统的容量,9.4.1节对星间链路技术进行介绍,聚焦提高物理层传输性能的光通信和太赫兹通信技术;9.4.2节和9.4.3节则围绕星上处理技术,分别介绍多波束技术和星上边缘计算技术;9.4.4节针对星上网络层技术进行介绍;9.4.5节针对星地一体化网络进行介绍,并重点介绍5G中卫星通信的主要应用场景。

9.4.1 星间链路技术

随着卫星网络规模的增加,高速星间链路的建立十分必要,它能够减少地面站数量并提高网络的实时处理能力。空间卫星通信以往一直以微波技术为核心,随着卫星通信的发展,空间组网需求日渐增加,频谱资源也相对开始紧张。因此,卫星空间通信正在寻求更高的通信频段以获得更多的带宽资源,主要包括激光和太赫兹通信。激光或者太赫兹通信频段较高,能够实现设备的小型化,并且也具有较大的可用带宽,满足通信需求,符合星上载荷的应用需求。本节主要对卫星通信中的激光通信技术和太赫兹通信技术进行介绍。

1. 卫星激光通信技术

无线激光通信的频段在300 THz以上,具有较大可用带宽。目前,空间激光通信经过多年的研究已取得了突破性的进展,能够解决微波通信的瓶颈问题,在构建天基网络等方面都是保证信息高速传输的有效方法。激光通信的终端具有体积小、质量轻等特点,十分适用于负载受限的空间通信,在航天通信领域得到了广泛应用。

空间激光通信采用高频率的激光作为通信载体,与微波通信相比,具有更大的可用带宽,能够抵抗电磁干扰,并且可以抵抗信息截获。传统微波通信频段处于几千兆赫兹到几十千兆赫兹的范围,而激光通信的频段比微波高出几个数量级,能够提供更高速率的传输,与波分复用等技术相结合时,有望实现太比特量级的速率传输。更高的通信频段也意味着更短的波长,与微波通信器件相比,激光通信的器件尺寸更小、质量更轻,尤其是天线尺寸大小,便于设备的小型化和轻量化。激光通信不会受到电磁频谱的限制,因此有较强的抗干扰能力,能够保证通信的质量。一般激光通信都工作在不可见光的频段,通信时不容易被发现,而且由于其发散角小,波束很窄,接受视域很小,在空间中很难被截获,这都使激光通信具有较高的安全性和可靠性。激光通信发射角度小,虽然可带来通信安全性

的保证，但同时也对跟踪瞄准有更高的精度要求，加大了系统的复杂度，相关器件的稳定性也需要长期的时间检验。

目前，很多卫星网络都计划采用激光通信作为星间链路，SpaceX 的 Starlink 星座就采用了激光通信的星间链路，Telesat 公司计划部署的低轨卫星网络也计划采用激光通信作为星间链路传输。除了进行数据传输，利用激光通信测距也能协助卫星进行自适应姿态调整，以减少地面控制信息的传输。近些年来，激光通信的数据传输速率也随着技术的发展快速提升，见表 9.2。

表 9.2 激光通信技术传输速率发展

卫星	OICETS	SLS	LLCD	EDRS	LCRD	HICALI
时间	2005 年	2012 年	2013 年	2014 年	2019 年	2021 年
国家	日本	俄罗斯	美国	欧洲部分国家	美国	日本
速率	2/50 Mbit/s	125 Mbit/s	622 Mbit/s	1.8 Gbit/s	2.88 Gbit/s	10 Gbit/s

未来，激光通信的主要发展趋势之一就是进一步提升传输的速率。卫星通信近些年来的快速发展扩展了其服务领域，也带来了更大的传输需求，卫星网络也变得更加复杂，涉及更多的链接需求及信息交换，目前的激光通信技术还无法满足日益增长的组网需求。与地面网络不同，卫星激光通信系统会受到卫星震动、空间辐射、极端温度等的影响，并且由于星上资源有限，会受到功率、算力等因素限制，需要进一步开发星上具有高稳定性的抗辐射等因素影响的高阶调制技术。星上激光通信也不像陆地一样可以以光纤作为载体，存在太阳等各种背景光的干扰，对于波分复用技术的应用也要考虑干扰的影响。除了传输速率的提升，还要保证通信的质量。随着人们对太空的探索，深空通信的需求也越发多样性，通信距离要求也越来越高，也需要激光通信在不同长度、类型的链路上提供服务，因此需要对一些发送接收技术进一步开发，并进一步改进瞄准、捕获、跟踪等技术，保证激光通信的传输质量。

卫星通信目前的网络化发展也对激光通信提出了新的应用需求。卫星网络较以往更加复杂，一些低轨卫星星座规划利用上千颗卫星形成组网，除了网络内用户需要建立星间链路外，不同系统、不同轨道高度卫星之间也有通信需求。同一颗卫星需要满足不同的激光通信需求，需要实现多目标的通信以及多制式的收发，提高激光通信系统的兼容性。这也意味着对星上激光通信设备的集成化要求更高，进一步降低设备体积、质量以及功耗等，同时应对未来卫星小型化的发展趋势。此外，卫星通信中也要考虑到激光通信和微波通信的共存问题，设计高效的混合交换技术，形成具有综合功能的卫星网络，提高网络服务的灵活性。

2. 卫星太赫兹通信技术

太赫兹的频段为 0.1～10 THz，对应波长为 30 μm～3 mm，处于红外线和微波波段之间，即电子学和光学间的过渡频段，太赫兹频段示意图如图 9.2 所示。太赫兹通信兼顾了微波和光通信的优势，具有特殊属性。较微波通信，太赫兹频段更高，有大量的可用带宽，在通信容量方面有巨大优势，数据传输速率可高达千兆比特每秒量级，较高的频段也意味着波长较短，天线的尺寸也更小。太赫兹的高频段短波长使其具有较强的穿透力，能穿过非金属或非极性材料，其可以实现较窄的波束并具有良好的方向性，因此抗干扰能力较好，也具有一定的安全性。

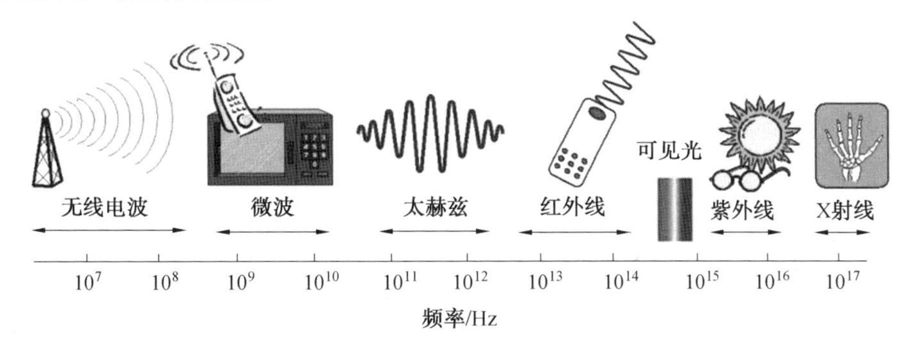

图 9.2　太赫兹频段示意图

太赫兹在雷达、探测以及通信领域都有广泛的应用，这里主要对太赫兹通信的应用进行介绍。太赫兹通信有十分丰富的频率资源，可用带宽达几万兆赫兹，而且方向性较好，能够实现较高的信号传输效率，因此太赫兹通信能够解决移动通信频谱受限的问题，并能够提供高速率的传输。太赫兹通信虽然有这些优点，但也有高频段通信所固有的缺点，在大气层中的传输距离较短，尤其是在潮湿的空气中，传输质量很容易受到影响，信号衰减严重。特别地，太赫兹通信在电磁环境复杂的通信环境中不会像常规通信一样受到干扰和阻塞，能够保证通信的安全性，适宜于保密通信。因此，太赫兹通信在陆地通信系统中比较适宜用于近距离通信。虽然在大气传输中太赫兹通信链路衰减较大，但是在外层空间传输中，传输损耗相对较小，较低功率就能够实现通信，而且太赫兹通信收发天线体积也很小。因此，空间通信能够充分体现太赫兹通信的优势，很适合用于卫星、航天器、星地等通信，尤其是卫星编队、星间组网等技术的实现。太赫兹通信的这一优势，能满足低轨道星座卫星间、天基信息港内多颗共轨卫星间以及星群等多种空间应用场景中的高速互联需求，使其成为实现空天地一体网络建设的关键技术之一。

对于太赫兹通信，需要根据应用需求对射频前端技术进行研究，例如在卫星通信中的主要研究方向就是射频前端的小型化和集成化。当太赫兹通信应用于空间通信时，考虑到星间传输距离较远，设计高增益的功放是实现太赫兹通信的关键。同时，太赫兹天线技术也可以弥补较高的空间传输损耗以及接受检测不灵敏的问题，而且太赫兹的高频段和短波长也对天线的精度有了更高的要求。太赫兹通信的调制解调技术也十分关键，要实现高速调制解调技术以保证太赫兹通信能够实现高速率传输。此外，也需要进行一些不同情况下太赫兹通信信道的试验测试，建立信道模型，测试各种传输技术。目前的太赫兹通信，亟须解决辐射功率不足、接收系统灵敏度低的问题，同时需要攻克高码率的调制解调，并根据太赫兹通信体制研制新的信号处理方法。需要根据不同的应用场景设定太赫兹通信系统的部署方案。目前太赫兹通信在混频器的设计、低噪功放芯片等器件的相关技术还不够成熟，还需要进一步开发研制，同时，为了增加太赫兹通信的信道数量，太赫兹大规模阵列天线和多输入多输出（Multiple Input Multiple Output，MIMO）天线技术是太赫兹通信技术的重要发展方向。

9.4.2 多波束技术

卫星星上负载可以分为两类，一类是透明转发负载，只具有转发功能，为“弯管卫星”的主要星上负载形式；另一类是具有再生功能的转发负载，能够对信息进行处理。透明转发负载只对信号进行变频以及放大转发处理，收发天线一般只产生一个波束，结构相对简单但能提供的通信功能有限。因此，很多卫星考虑采用多波束负载，在陆地形成多个波束构成的覆盖区域，此时卫星会对接收到的信息进行解调处理，在基带进行星上处理以及交换，最后经过调制处理发送到对应的波束，形成多路输入输出。多波束覆盖的形成主要得益于星上多波束天线技术的发展，每个波束对应的天线增益会随着波束宽度的增加而降低，因此多波束覆盖中每个波束内链路性能会较单波束覆盖有所提升，当然这是以天线的复杂性提升为代价的。单波束和多波束卫星覆盖如图 9.3 所示，同一颗卫星的服务区域覆盖 4 个地面站，图 9.3(a)采用波束为 3 dB，宽度 $\theta_{3\ \mathrm{dB}}=17°$ 的单波束覆盖，图 9.3(b)则采用 3 个 $\theta_{3\ \mathrm{dB}}=2°$ 的波束形成多波束覆盖。两种覆盖都能实现地面站与卫星的通信，多波束负载的卫星会在服务区域内形成多个波束，可以实现更为灵活的服务覆盖，而且多波束覆盖由于波束宽度更窄链路传输性能更好，也避免了卫星通信对没有地面站区域的干扰。同时，如果卫星具有多个波束，可以在不同波束内分配不同频带资源，结合利用频率复用技术可以提高整个卫星的可用带宽，如图 9.3 中，若将可用带宽划分为两部分，分别分配给图 9.3(b)中的 3 个波束，系统的可用带宽会较单波束覆盖提升 50%。

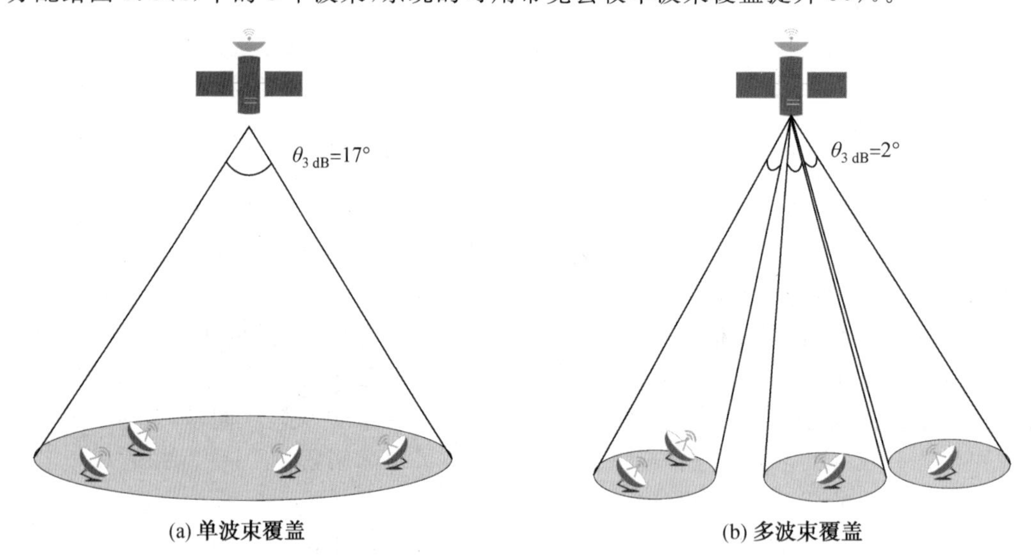

图 9.3 单波束和多波束卫星覆盖

很多卫星系统，无论 LEO 卫星还是 GEO 卫星，都采用了多波束星上负载，从而提高链路传输性能，通过频率复用增加系统的可用带宽。目前的卫星系统，主要利用多波束天线形成大量紧密排列的波束实现覆盖，然后通过频率复用来进一步提升系统容量。目前的星载反射面多波束天线具有质量轻、结构简单、设计技术成熟、性能优良等优点。可通过大口径反射面在星上产生更多高增益低副瓣的点波束，可以采用每波束单馈源或每波束多馈源两种方案实现，如图 9.4 所示。每波束单馈源方案中每个从天线口径中辐射出

来的点波束都是由一个特定的馈源照射一块反射面后形成的，辐射效率高，但是波束指向性差。每波束多馈源方案中，馈源阵列模式排布，通过波束形成网络向阵列单元激励所需的振幅和相位，单反射面即可形成不同形状的多波束，波束指向误差小，但是馈源需求量大。

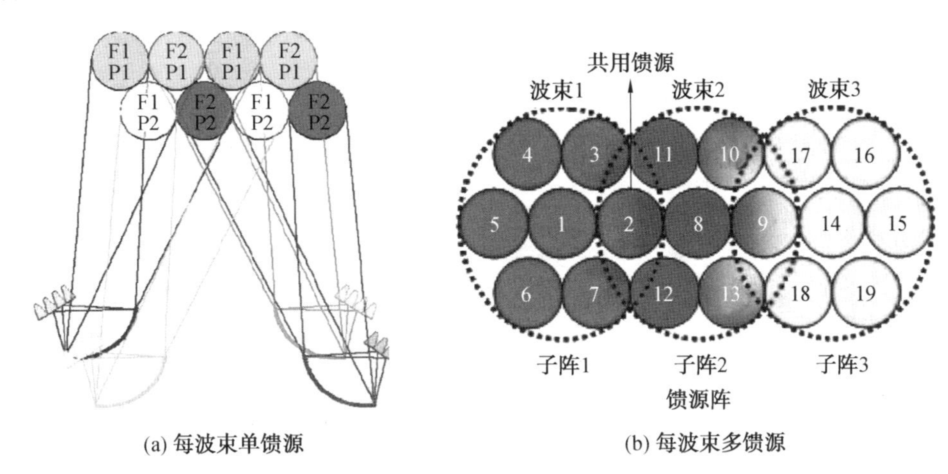

图 9.4　两种多波束天线馈源方案

高通量卫星就采用多波束架构和频率复用方式，而且由于采用了 Ka 频段进行通信，能够降低天线尺寸并拥有更多的可用带宽，能够实现上百千兆比特每秒的吞吐量。现有的高通量卫星为了降低相邻波束的同频干扰，采用了四色频率复用。目前高通量卫星的天线能形成 $\theta_{3\,dB}=0.5°$ 的窄波束，每个波束具有高增益，保证了传输的性能，但是天线设备仍具有一定的规模，所以采用这种大型多波束天线的卫星还是以 GEO 卫星为主，利用一颗卫星就能实现为很大区域内的用户服务。

9.4.3　星上边缘计算技术

通信卫星可以根据是否有星上处理而分成两类，对于没有星上处理功能的通信卫星（“弯管卫星”），其主要实现转发功能，这种卫星构成的卫星星座也往往没有星间链路，在组网过程中需要建立大量地面站进行卫星的控制以及信息的处理，在空间段的星座设计过程中需要考虑地面基站的设置。当卫星具有星上处理功能时，对于地面设施的依赖相对较小，在一定程度上能简化地面系统的设计，还可能减少控制信息的传输从而提高整个系统的效率。当星上处理功能进一步扩展，类似于 5G 通信系统中将服务器迁移到note B 的处理，将服务器等迁移到卫星上，此时卫星通信系统也形成了一种类似“边缘计算”的网络架构，可以快速地进行信息处理，减少回传链路负载，进一步降低系统的处理时延。

相比于将信息集中处理的云计算，“边缘计算”将计算能力分布在用户接入端，这样直接可以进行一部分信息处理，减少回传信息，可以达到降低用户时延和网络负载的目的。卫星通信中的“边缘计算”会在卫星上增加一些星上处理服务器，直接在星上完成计算处理。卫星“边缘计算”最典型的应用场景就是物联网通信，尤其是对处于偏远地区、基础设施不完善地区的物联网系统，这些终端往往具有较差的计算能力，则可以利用具有 LEO “边缘计算”功能的卫星协助完成计算，这些 LEO 卫星之间也具有星间链路，可以共同为

用户提供服务。图 9.5 所示为具有“边缘计算”功能的 LEO 卫星星座的实例，每颗卫星都有一定的星上计算处理能力，卫星之间也有星间链路可以进行信息交换，卫星可以为各种终端提供服务，而卫星关口站则负责整体网络的管理。目前具有“边缘计算”功能的卫星主要应用在 LEO 卫星上的原因是其具有较低的链路延迟，一般延迟在 1～3 ms 内，能实现较好的实时通信。较陆地移动通信中的“边缘计算”，LEO 卫星“边缘计算”具有一些特殊性，并且会衍生出一些新的问题。

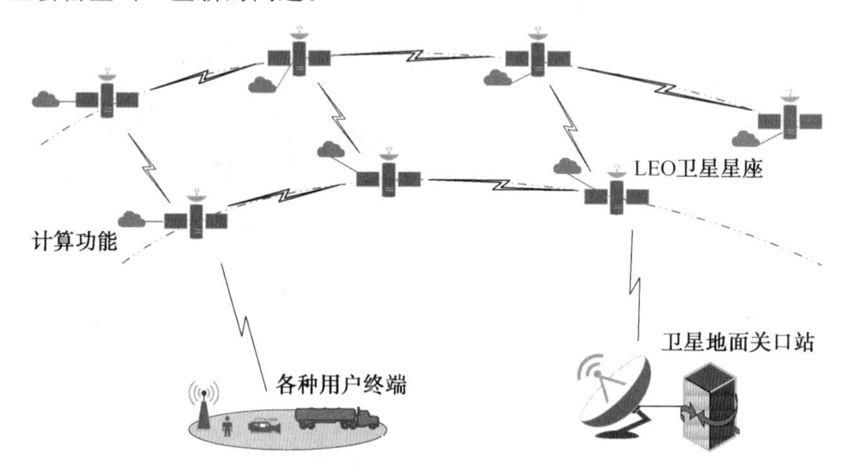

图 9.5　具有“边缘计算”功能的 LEO 卫星星座

(1)卫星的移动性。

LEO 卫星运行速度高，陆地上用户能够接入同一颗卫星的时间相对较短，这就涉及用户的切换问题。这些切换处理会增加服务延迟，并且增加系统处理的复杂性。

(2)每颗卫星星上资源有限。

LEO 卫星上的星上处理资源是有限的，单颗卫星可能无法满足应用需求。由于 LEO 卫星可以通过星间链路实现在空间段组网，这样就可以利用多颗卫星的资源满足应用需求，形成一种分布式信息处理方式。因此，卫星系统应考虑如何进行卫星资源的“池化”，实现系统资源的灵活使用。

(3)用户终端功率受限。

LEO 卫星轨道虽然相对较低，但是通信距离仍远大于陆地移动通信。终端实现星地通信往往要耗费很大的功率，尤其是对于一些物联网终端。而且，终端在接入过程中的竞争也会额外增加负担。像以往的“边缘计算”系统一样，一些卫星“边缘计算”系统中会在地面设定代理节点，作为卫星与终端的中继节点，也同时完成用户的接入管理以及资源调度处理等功能，以提升服务的性能，但是添加这类中继会增加系统的复杂性，也会增加额外的信息传输。

目前的研究都围绕卫星“边缘计算”系统的特点，并考虑设计了各种可能系统架构，例如是否利用地面代理节点协助用户接入卫星，也有研究考虑了具有“边缘计算”的星地一体化网络，在不同架构下提高系统的资源利用率。在研究过程中，一般会建立用户的能量消耗模型和链路传输模型，然后利用最优化建模的方法根据系统优化目标对系统资源进行分配。考虑到 LEO 卫星每颗卫星接入时间短以及星上资源受限的特点，通过对整个网络资源的分析，可以考虑利用多颗卫星协作来提供服务，进行分布式处理，并可以通过组网算法设计达到降低切换概率等目的。

9.4.4　星上网络层技术

卫星网络中节点的移动性增加了卫星上网络层处理，而且由于网络规模的增加，卫星网络涉及更多的节点，给星上路由和交换技术带来了更大的挑战。卫星通信进行波束切换、星间切换、关口站切换时，移动性会带来时延扩展、测量时效性、频繁切换、批量切换等问题。卫星网络虽然有可预知的动态拓扑，拓扑变化规则并且周期性重复，但是网络相对复杂，需要频繁更新路由表，路由计算量较大。而且，由于卫星自身拥有较高的故障率，可能因载荷有限发生资源受限，而导致节点发生拥塞。这给星上路由设计带来了巨大的考验，使陆地成熟的路由方法无法直接适用于卫星网络。另外，在进行网络层处理前需要有高效的移动性管理机制。目前主要涉及的关键技术有卫星跳波束调度方法和批量用户跨星跨波束柔性切换。卫星跳波束调度方法对于高轨道卫星主要进行星上功率和时隙资源联合优化，对于低轨卫星主要实时地计算卫星波束的跳变图案。批量用户跨星跨波束柔性切换则针对卫星高速移动带来特有的成批用户并发切换的问题，利用关口站天线、射频、基带、协议处理资源云化处理。

目前对于星上路由的设计，主要有三种思路：一是根据网络的拓扑周期性进行切片，这样能降低路由表数量，减轻路由的计算量；二是通过地面进行路由计算，然后控制星上信息的网络层传输，代价是增加了信息处理的延迟，也加大了卫星对地面端的依赖；三是根据具体波束的覆盖，利用波束切换完成路由功能。

9.4.5　星地一体化网络

从美国 Syncom－3 卫星首次进行 1964 年奥运会的实况转播开始，卫星通信经历了模拟通信、数字通信的演变，随后由以 Iridium、Globalstar 系统为代表的窄带移动通信发展到 OneWeb、ViaSat 等公司提供的宽带卫星服务。卫星通信有着自己独特的优势，但是由于卫星的特殊性也有一定的通信限制，一直是一个相对独立的系统，有着自己专用的频段。近些年来，随着天线、火箭发射等技术的快速发展，卫星通信也迎来了快速发展，系统的总吞吐量和服务质量都快速提升，随着运营成本的下降，卫星通信服务也更具有竞争力。目前卫星通信的主要发展方向是与陆地通信系统相结合，建立提供全方位服务的星地一体化网络，卫星通信能够实现海洋、偏远地区等服务区域的扩展，有较强的广播和多播能力，并且可以为通过提供额外卫星链路等方式增强提高地面网络的服务，因此星地一体化网络能够充分结合卫星网络和地面网络的优势，实现“任何时间”“任何地点”和“永远在线”的要求。图 9.6 所示为星地一体化网络示意图。网络主要由四部分构成，由不同轨道高度卫星构成的天基通信系统，由高通平台、民航客机、低空无人机等飞行器构成的空基通信系统，由地面关口站、用户终端等构成的非陆地通信网络（Non－Terrestrial Network，NTN）地面段，以及陆地蜂窝移动通信系统。网络可以对信息进行实时传输、快速处理和智能服务，快速、准确、灵活地为用户提供服务。星地一体化网络是一个异构网络，网络拓扑可能时刻发生变化。网络应该具有可扩展性、灵活性和智能性，并且能够

进行信息的及时获取、处理与分发。

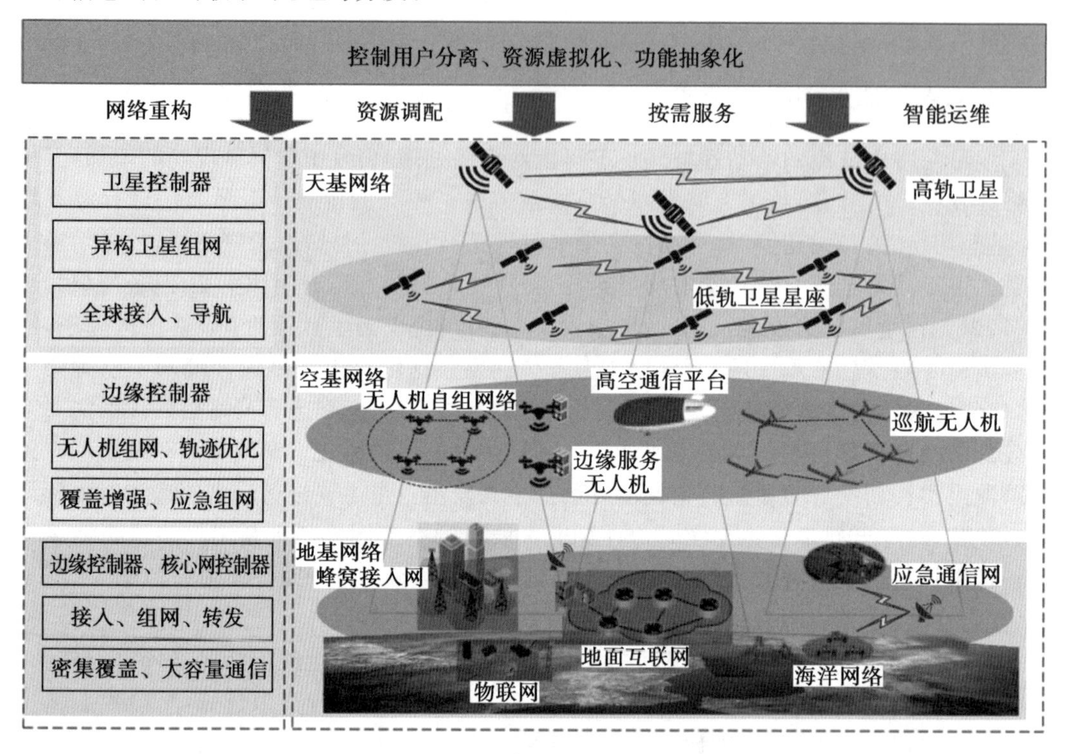

图 9.6　星地一体化网络示意图

对于星地一体化网络，ITU 定义了两种卫星通信系统与陆地通信系统一体化的网络架构，即融合星地系统(integrated systems)和混合星地系统(hybrid systems)，两种架构的区别见表 9.3。两种系统最大的区别为是否共享频谱，共享频谱可以实现频谱资源更灵活的利用，提高整体系统的性能。但是需要采用频谱共享技术进行系统内的频谱协调、解决系统的同频干扰问题，这会增加系统的复杂性，同时需要一些监管政策保证措施。在实际系统设计中可根据具体网络需求和商业因素进行架构选择。

表 9.3　两种星地一体化网络体系架构

星地一体化网络体系架构	融合(integrated)星地系统	混合(hybrid)星地系统
系统组成	地面移动通信网络、卫星网络	卫星网络、地面辅助设备
网络管理中心	星地具有相同的网络管理中心，具有一体化协议架构	星地具有不同的网络管理中心，采用不同的协议
一体化思路	地面网络为主，卫星补充地面覆盖	卫星网络主导，延伸地面覆盖
频谱	星地共享一段频谱	星地工作在不同的频段上
空中接口	星地空口互相兼容	星地空口可兼容或不兼容

续表 9.3

星地一体化网络体系架构	融合(integrated)星地系统	混合(hybrid)星地系统
关键技术	空口兼容技术 频谱共享策略 切换技术 干扰消除技术 星载大天线对手持终端的支持 地基波束成形技术	星地协同的 CDN 技术 无缝切换技术(需要考虑不同协议间的转换问题) 星载大天线对手持终端的支持技术 地基波束成形技术

陆地移动通信系统中,5G 通信系统为了满足其所提出海量机器类通信和超可靠低时延通信等应用场景的应用需求,已经对 NTN 的相关技术进行研究。3GPP 从 Rel－16 开始,5G 网络开始研究 NTN 技术特性,近期的提案中对将卫星网络集成到 5G 网络的潜在技术问题、业务特性和网络结构、部署场景等进行了定义和讨论。在通信频谱申请部分,3GPP 提出的 Rel－15 和 Rel－16 已在争取使用高通量卫星的通信频段,而 Rel－17 和 Rel－18 可能争取使用未来高通量卫星的 V、E 频段频谱资源,这促使了卫星网络与 5G 通信的融合。目前,ITU 已提出了 4 种卫星与 5G 的融合场景,包括为偏远或者地面通信难以到达的地方提供通信服务,为移动用户包括飞机、火车、轮船和车辆等提供直接或补充通信连接服务,为无线塔、接入点和云提供高速多播回传通信服务,以及作为地面宽带的补充为一个区域例如家庭或办公区域提供多播服务。欧盟等也提出了诸如 SaT5G 和 SaTis5 等计划,以推动 5G 网络中卫星集成的标准化进展。

在 3GPP 系列协议中,TR28.808 介绍了卫星 5G 一体化网络管理的相关研究,TR 24.821和 TR 22.822 给出了卫星接入相关研究和方案选择,TR 23.737 主要包括利用卫星进行 5G 接入的架构研究,TR 38.811 和 TR 38.821 给出了 5G 中 NR 对 NTN 支持的相关研究和提出的一些解决方案,NTN 包含各种卫星、高空平台、无人机等空间设备构成的网络。其中,TR 38.821 提出了 4 种基于 NTN 的多连接网络架构,如图 9.7 所示。第一个 5G 标准 Rel－15 中对于 NTN 应用的研究,一方面提高物理层传输性能,另一方面根据新的 NR 进行物理层以上架构的设计。在物理层研究方面,要根据 NTN 中应用 NR 时对物理层传输性能的影响,在相关设计中保证 NR 可以有效运行,包括同步、接入、信道等相关问题。根据 3GPP 已有的信道模型,可以在需要时进行改进,并且也不仅限于户外信道模型,也包含一些用户处于船上、火车以及建筑物内部的信道模型的研究,其中还要考虑多普勒频移的影响,设计相关补偿算法。对于 NTN,干扰也有着与传统蜂窝网络不同的特点,需要对相关干扰特点进行研究。对于物理层以上的网络设计,要基于物理层 NR 的特点,并且结合 NTN 的特点。由于 NTN 的链路传输延迟往往大于陆地蜂窝网络,在物理层以上传输协议的设计中需要考虑链路的延迟问题。当卫星等与陆地蜂窝系统相结合时,也需要考虑用户的接入和切换问题,最重要的是在 5G 网络架构设置过程中需要能够提供对 NTN 的支持。

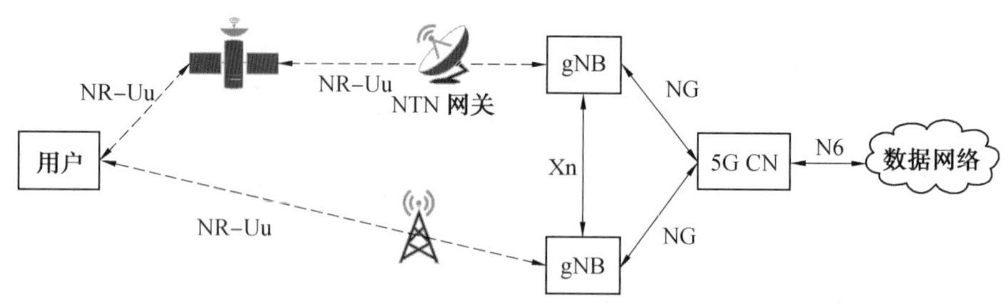

(a) 基于弯管NTN和地面小区基站的多连接网络架构

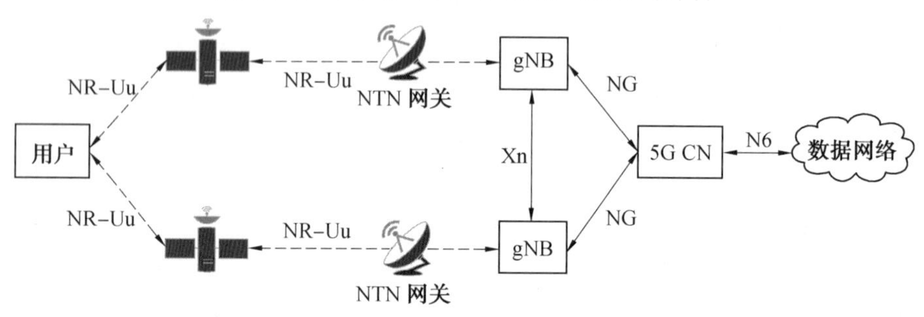

(b) 基于弯管NTN的地面基站多连接网络架构

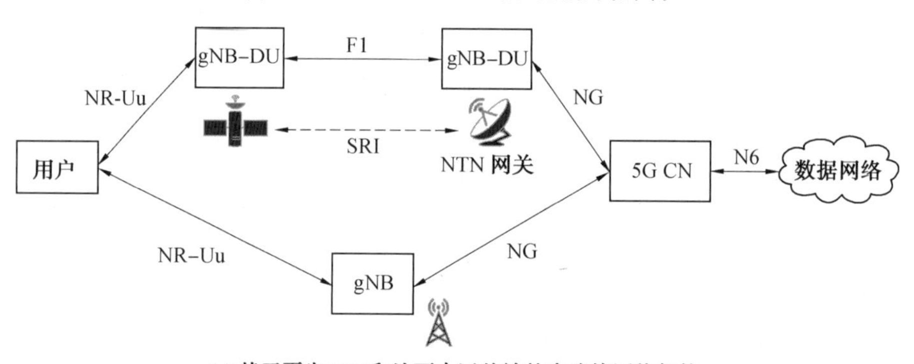

(c) 基于再生NTN和地面小区基站的多连接网络架构

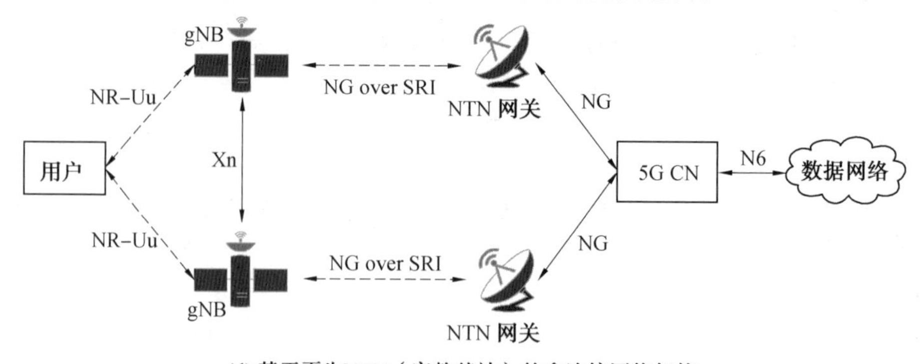

(d) 基于再生NTN（完整基站）的多连接网络架构

图 9.7　TR 38.821 提出的基于 NTN 的多连接架构

本章参考文献

[1] 梁兆楠，曹彦男. 太赫兹技术及其通信领域的应用前景[J]. 数字通信世界，2021(6)：20-22.

[2] 宋瑞良，李捷. 太赫兹技术在低轨星间通信中的应用与分析[J]. 无线电通信技术，2020，46(5)：571-576.

[3] 任建迎，孙华燕，张来线，等. 空间激光通信发展现状及组网新方法[J]. 激光与红外，2019，49(2)：143-150.

[4] 高铎瑞，李天伦，孙悦，等. 空间激光通信最新进展与发展趋势[J]. 中国光学，2018，11(6)：901-913.

[5] 姜锋. 空间光通信技术的发展与展望刍议[J]. 数字通信世界，2018(10)：48.

[6] 韩慧鹏. 国外卫星激光通信进展概况[J]. 卫星与网络，2018(8)：44-49.

[7] 安国雨. 太赫兹技术应用与发展研究[J]. 环境技术，2018，36(2)：25-28.

[8] 杨鸿儒，李宏光. 太赫兹波通信技术研究进展[J]. 应用光学，2018，39(1)：12-21.

[9] WANG X, HAN Y, LEUNG V, et al. Convergence of edge computing and deep learning: a comprehensive survey[J]. IEEE Communications Surveys & Tutorials, 2020, 22(99):869-904.

[10] SONG Z, HAO Y, LIU Y, et al. Energy efficient multi-access edge computing for terrestrial-satellite internet of things[J]. IEEE Internet of Things Journal, 2021, (99):1-17.

[11] LI C, ZHANG Y, XIE R, et al. Integrating edge computing into low earth orbit satellite networks: architecture and prototype[J]. IEEE Access, 2021, 9: 39126-39137.

[12] XIE R, TANG Q, WANG Q, et al. Satellite-terrestrial integrated edge computing networks: architecture, challenges, and open Issues[J]. IEEE Network, 2020,34(3): 224-231.

[13] LI Q, WANG S, MA X, et al. Service coverage for satellite edge computing[J]. IEEE Internet of Things Journal, 2021, PP(99):1-12.